시부야, 도시는 미래를 향해 계속 변해가고 있다.

멈추지 않는 변화

시부야
미래디자인

시부야미래디자인 지음
정병균·김미화 옮김

도서출판 대 가

런던,
파리,
뉴욕,
시부야.

역사를 되돌아보더라도,
세이부백화점과 시부야파르코,
SHIBUYA109로 대표되는 패션 문화,
공원 거리와 중앙거리라는 도시 분위기,
시부카지(시부야 캐주얼)와 고갸루('小'+'girl'),
시부야 사운드 등의 무브먼트,
IT 기업이 모이는 비트밸리의 활력⋯
거리, 그리고 문화를 만들어 온 것은
그 시대에 그 도시에서 살고 일하고 배우고 즐기던 사람들

20년 후의 비전을 그린
시부야 기본 구상에는
'도시의 주역은 사람'이며
그것을 바탕으로
'성숙한 국제 도시' 실현이
목표

"시부야 지역 개발"이란
사람이 주역이 되고
도시 만들기 자체가
문화가 되는 것.

그리고
2000년대에 시작된 '100년에 한 번'이라는 재개발.
도시에 관련된 다양한 입장을 가진 사람들이 아이디어를 내놓고,
논의를 거듭하면서 미래의 시부야를 만들어 간다.

디자인,
커뮤니티,
퍼블릭 스페이스,
매니지먼트…
이 책에서 소개하는
"시부야 모델"은 분명히,
도쿄, 그리고 세계의
지역개발로 연결

차례 | CONTENTS

제공: 도큐(주)

1. 도쿄 올림픽 기간 시부야역 주변(1964)
2. 도요코백화점 옥상과 타마덴빌딩을 잇는 곤돌라 히바리호(1952)
3. 도요코백화점과 도큐문화회관(1956)
4. 5년 만에 시부야역 앞에 부활한 충견 하치코상 제막식(1948)

사진제공: 공동통신사

배경 제공 : 도큐(주)

SHIBUYA CHRONICLE

제2차 세계대전 후부터 현재에 이르기까지 계속 바뀌는 시부야,
시대마다 도시를 수놓은 사람들과 문화를 사진과 함께 돌아본다.

사진제공: 교도통신사

1

제공 : 도큐(주)
촬영 : 아카이시 사다츠구

SHIBUYA CHRONICLE

사진:요미우리신문/아프로

3

4

아사히신문사/아마나이미지

제공 : 도큐(주)

사진:Rodrigo Reyes Marin/아프로

1. 스크램블 교차로와 SHIBUYA109(1991)
2. 90년대 강구로를 재현한 카페(2015)
3. 시부카지 젊은이들로 넘쳐나는 센터가(1992)
4. 공원 거리가 패션 발신지로(1979)

배경 제공:도큐(주)

사진:요미우리신문/아프로

4 사진:요미우리신문/아프로

5

사진:요미우리신문/아프로

배경 제공·도큐(주)

하루 약 330만 명이 이용하는 세계 최대의 터미널, 시부야. 시부야는 지금 100년에 한 번 있을 법한 대규모 재개발이 이루어지고 있다.

시부야가 현재 같은 터미널로 진화한 것은 1885년 일본철도 시나가와선(현 JR야마노테선) 개통과 함께 시부야역 개업이 계기다. 1970년에는 타마가와전기철도 타마가와선(현 토큐전원도시선의 일부), 1927년에는 도쿄요코하마전철(현 도큐토요코선), 거기에 더해 제2차 세계대전 이전에는 이노가시라선, 지하철 긴자선이 개업했다.

제2차 세계대전이 끝난 직후 시부야는 역 앞과 도겐자카에 야미이치(암시장)와 포장마차가 줄지어 선 서민을 위한 장소였으나 미군 기숙사 워싱턴하이츠 준공, 도큐문화회관 개업과 연선(선로를 따라 있는 지역) 개발과 함께 서서히 활기를 띠었다.

시부야를 크게 바꾼 것은 1964년에 개최된 도쿄올림픽이다. 국도 246호가 정비되어 구획이 정리되었고, NHK방송센터, 국립요요기경기장 등이 건설되어 문화도시로 변화하기 시작했다.

SHIBUYA HISTORY

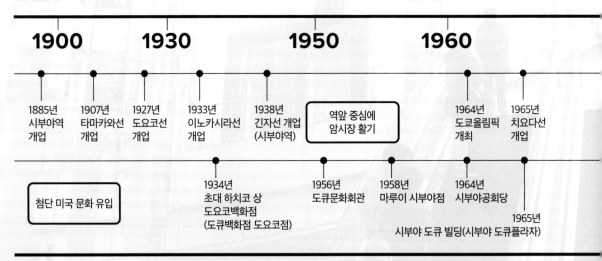

1900	1930	1950	1960

1885년 시부야역 개업
1907년 타마카와선 개업
1927년 도요코선 개업
1933년 이노카시라선 개업
1938년 긴자선 개업 (시부야역)
역앞 중심에 암시장 활기
1964년 도쿄올림픽 개최
1965년 치요다선 개업

첨단 미국 문화 유입

1934년 초대 하치코 상 도요코백화점 (도큐백화점 도요코점)
1956년 도큐문화회관
1958년 마루이 시부야점
1964년 시부야공회당
1965년 시부야 도큐 빌딩(시부야 도큐플라자)

1960년대에는 세이부백화점과 도큐플라자, 1970년대에는 시부야파르코와 시부야마루이, SHIBUYA109 등의 상업시설이 잇달아 개업하면서, 코엔거리는 패션과 젊은이로 넘쳐나는 활기찬 거리로 이미지를 탈바꿈했다. 1980년대에는 치마(teamer, 폭력 서클)와 시부카지, 1990년대에는 SHIBUYA109를 중심으로 한 코캬루(小Girl) 문화, 시부야계 사운드 같은 수많은 붐을 만들어 냈다.

이처럼 다양한 문화를 만드는 한편, 2000년대에 들어서면서 시부야마크시티와 세루리안타워 등 대규모 사무실과 호텔이 들어섰다. 또한 IT 관련 벤처기업이 모여 '비트밸리'가 형성되어 크리에이티브 콘텐츠를 생산하는 도시로 바뀌어 갔다.

이러한 역사를 바탕으로 '100년에 한 번'의 있을 법한 상징적인 재개발이 시작된 경위와 시부야의 변천사를 간단히 알아보자.

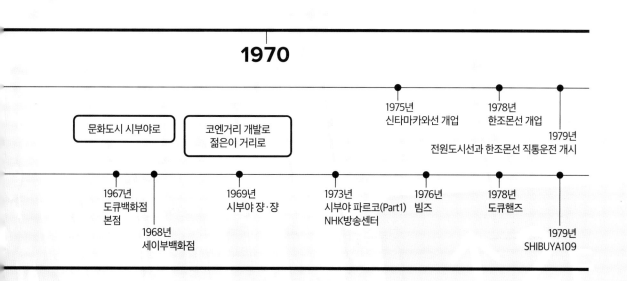

왜, 시부야 재개발은 '100년에 한 번'이라는 수식어가 붙을까?

"시부야는 언제 가도 공사 중"이라는 인상을 가진 사람도 많을 것이다. 그것도 그럴 것이 한 도시에서 이처럼 많은 개발이 동시에 진행되는 경우는 세계 어느 도시를 보아도 흔하지 않다.

시부야역 주변만 해도 2012년에 도큐문화회관 터에 시부야히카리에, 2018년에 옛 도요코선 시부야역의 플랫폼이나 선로등이 있던 자리에 시부야스트림, 2019년에 역에 직결된 시부야 스크램블스퀘어 제1기(동관), 도큐플라자 터에 시부야후쿠라스가 개업했다. 또한 2023년에 개업한 시부야역 사쿠라가오카출구지구, 2027년 개업 예정인 시부야스크램블스퀘어 제2기 (중앙관, 서관)를 더한 다섯 블록의 개발이 이루어지고 있다.

그 밖에 역에서 조금 떨어진 지역에는 시부야캐스트(2017), 시부야브리지(2018), 시부야솔라 스타(2019), 신시부야파르코(2019)가 개업했다. 또한 퍼블릭 스페이스는 시부야 구청이 신청 사 건물로 이전(2019)한 것 외에, 시부야구립미야시타공원(MIYASHITA PARK, 2020), 시부야구

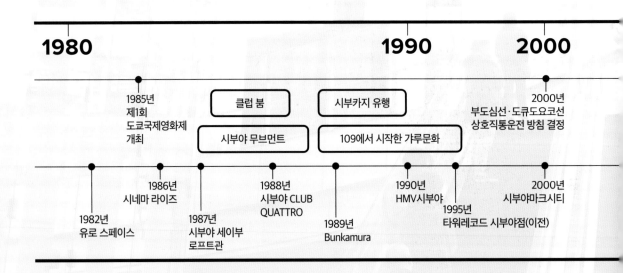

립 키타야공원(2021) 등이 잇달아 개장했다.

이렇듯 대규모 빌딩 개발뿐만 아니라 도쿄메트로 부도심선 신설과 도큐도요코선, JR 각 선의 개량, 역 앞 광장 개편 등 철도, 도시 기반, 건축이 삼위일체가 되는 도시만들기가 진행되고 있다. 시부야히카리에가 착공된 2009년부터 현재까지 여러 곳에서 동시 다발적으로 개발이 진행되어 도시 모습이 지속적으로 변모하는 것이다. 그런 연유로 '100년에 한 번'이라는 시부야 재개발이 화제가 되고 있다. 더욱이 재개발이 중간 지점을 지나 동서역 앞 광장 정비를 비롯해, 2027년도 시부야스크램블스퀘어 제2기(중앙관·서관) 개업까지 계속된다.

역사를 보면 알 수 있듯이 시부야 도시 개발의 완성은 철도를 비롯한 다양한 문화와 산업과 깊이 관련되어 있다. 1927년 도쿄요코하마전철(현 도큐도요코선)이 시부야역에 개통된 후, 100년째 되는 2027년에 시부야 재개발이 완성된다. 즉 '100 년에 한 번'이라는 말 자체의 의미가 크다고 볼 수 있다.

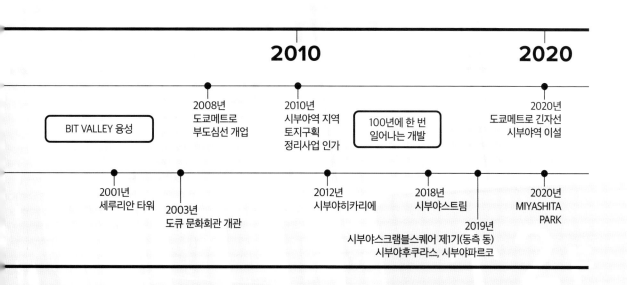

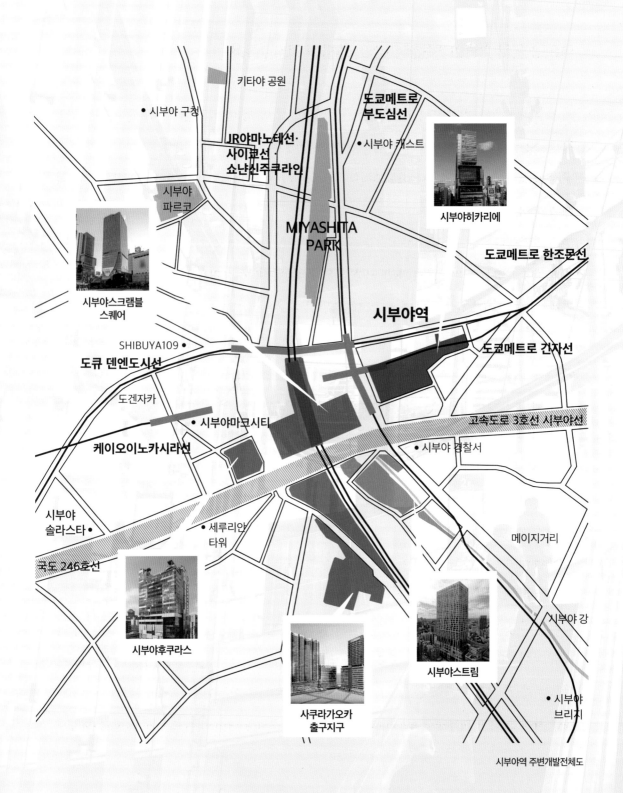

키타야 공원

• 시부야 구청

도쿄메트로
부도심선

JR야마노테선·
사이쿄선·
쇼난신주쿠라인.

• 시부야 캐스트

시부야
파르코

시부야히카리에

MIYASHITA
PARK

도쿄메트로 한조몬선

시부야스크램블
스퀘어

시부야역

SHIBUYA109 •

도쿄메트로 긴자선

도큐 덴엔도시선

도겐자카

• 시부야마코시티

고속도로 3호선 시부야선

케이오이노카시라선

• 시부야 경찰서

시부야
솔라스타 •

• 세루리안
타워

메이지거리

국도 246호선

시부야 강

시부야후쿠라스

시부야스트림

사쿠라가오카
출구지구

• 시부야
브리지

시부야역 주변개발전체도

역이나 도시 기반의 개량에 다수의 개발이 얽히고설켜

시부야 재개발의 전환점은 2000년 JR야마노테선의 혼잡 해소를 목표로 한 착공, 지하철 13호선(도쿄 메트로 부도심선)과 도큐토요코선의 상호 직통 운행이 결정된 것이다.

이에 따라 도큐도요코선 시부야역은 메이지거리 지하로 이전하는 것이 확정되었다. 지하 4층 레벨의 역을 건설하기 위해서 인접한 도큐문화회관을 먼저 철거해 공사를 위한 반출입장으로 활용하였다. '100년에 한 번'이라는 시부야 재개발은 시부야히카리에 개발 사업을 시작으로 도큐도요코선의 지하화로 생긴 터 활용을 포함한 검토가 본격화되었다.

원래 제2차 세계대전이 끝난 후(1945) 약 30년이 지났을 무렵부터 시부야역에는 근본적인 개량이 필요하다는 목소리가 있었다. 1977년에는 타마가와선이 지하화되어 전원도시선이 개통되고 다음해부터 한조몬선과의 상호 직통 운전을 시작한 것 외에도, 1996년 화물선 플랫폼이 있던 곳에 JR사이쿄선이 개통되었다. 여러 철도역 증설로 복잡한 환승 경로가 생겨났고, 상하 이동조차 쉽지 않은 미로 같은 구조로 바뀌었다. 또한 JR야마노테선 안팎으로 접근하는 서쪽과 동쪽 출구의 버스 노선도 포화 상태였다. 그 때문에 스크램블 교차로와 시부야역 하치코 광장에는 사람이 넘쳐났고, 철도에 의해 도시가 분단된 상황이었다.

역 문제 외에도 시부야의 도시 기반에는 큰 문제가 있었다. 시부야는 이름대로 분지로 집중호우 등에 의한 침수 위험을 안고 있었다. 또한 도쿄올림픽 당시 건설되었던 국도 246호는 위로는 수도고속도로 아래로는 JR선이 있기 때문에 개량이 어려운 상황이었다.

이러한 다양한 문제를 해결하기 위해 시부야구는 위원회를 조직해 2003년에 '시부야역 주변 정비 가이드라인21'을 발표했다. 2005년에는 시부야역 주변 지역을 도시재생 거점으로 개발·정비를 추진할 수 있도록 '도시재생긴급정비지역'으로 지정받았다. 이를 계기로 2006년에는 좌장 모리치 시게루(정책연구대학원대학 명예교수), 부좌장 나이토 히로시(건축가·도쿄대학 명예

교수), 기시이 다카유키(일본대학 특임교수)를 중심으로 검토회가 조직되었다. 2007년에는 '시부야역 중심지구 지역개발 가이드라인2007'을 마련해 도시 회랑(건물이나 장소의 주요 부분을 둘러싸는 지붕이 달린 복도)을 조성해 걷기 편한 도시만들기, 시부야의 분지 지형을 살린 환경 조성, 문화 콘텐츠 홍보와 지역 주민 참여를 통한 '모두가 만드는 지역개발' 등을 실천 항목으로 정했다.

또 당시에는 롯폰기힐즈나 도쿄미드타운 등이 잇따라 개업해 시부야로부터 IT 기업이 유출되던 때였다. "이대로라면 시부야는 실패다"라는 위기감도 있었다고 한다.

2009년에 '가이드라인2007'을 구현하기 위해 '시부야역중심지구도시만들기검토회' 설치, 2011년에 '시부야역중심지구도시만들기조정회의'로 형태를 바꾸었다. 그 성과로 '시부야역 중심지구도시만들기지침2010', '시부야역중심지구기반정비방침'(2012)으로 정리되었다.

역의 개량과 도시 기반의 정비를 계기로 일어난 복수의 재개발 사업의 어려움을 해결하기 위해 행정기관, 민간 사업자, 주민 등 지역 전체가 연대할 필요가 있었다. 그 때문에 이 책에서 자세히 설명하는 '시부야역중심지구디자인회의', '시부야역중심지구도시만들기 조정회의' 등의 새로운 조직체가 생겨나 시부야만의 특색 있는 도시만들기를 추진하게 된다.

"시부야 모델"의 도시 만들기는 '사람이 주역'

지금까지 100년에 한 번의 재개발에 이르는 역사와 경위를 되돌아봤다. 그러나 이 책의 목적은 시부야 재개발의 전모를 밝히는 것이 아니라 재개발을 통해 만들어진 새로운 도시만들기 유형을 제시하는 것이다.

'프롤로그'에서도 인용하고 있는 '시부야구 기본구상'(2016.7)에는 시부야 도시만들기에 대해 다음과 같이 적혀 있다.

"성숙한 국제도시로 진화하기 위해 시부야는 '다양성과 포용'이라는 개념을 소중히 한다. 이 지상에 사는 사람들의 모든 다양성(다이버시티)을 받아들이는 것에 그치지 않고, 그 다양성을 에너지로 바꾸어 갈 것. 인종·성별·연령·장애를 넘어 시부야에 모이는 모든 사람의 에너지를 도시만들기의 원동력으로 하는 것(포용), 즉 '도시의 주역은 사람'이라는 것이 이 생각의 본질이다."

(시부야구 기본 구상/세 가지 기본 구상의 기초가 되는 가치관 (2)시부야를 어떻게 만들 것인가)

시부야 도시만들기의 가장 큰 특징은 '사람이 주역'이라는 것이다. 행정, 철도 사업자, 개발자, 전문가, 설계 사무소나 디자이너, 시공자, 인프라 사업자, 지역 자치회나 상점회, 다양한 분야에 걸쳐, 사는 사람, 일하는 사람, 방문하는 사람 등 다양한 사람들과의 참여와 협력으로 진행되는 것이다. 거리에서는 '시부야를 재발견하자', '사람의 거리 시부야에'라는 메시지가 담긴 'shibuya1000'을 비롯해 다양한 이벤트나 활동이 동시 다발적으로 일어났다. 단지 빌딩을 세우고 끝나는 것이 아니라 지속적으로 변화를 위해 노력했다. 지금은 '도시만들기 자체가 시부야의 문화'라고도 할 수 있을 정도이다.

이 책에서는 그러한 도시만들기의 프로세스를 '디자인', '커뮤니티', '퍼블릭 스페이스', '매니지먼트', '미래'라는 키워드 다섯 개로 정리해 주제별 좌담회 형식으로 되돌아본다.

어느 주제에도 일관되게 생각해야 하는 원칙은 '시부야다움이란 무엇인가?'라는 질문이다.

실제로 도시만들기에 관련된 사람들의 생각이나 대화에서 시부야라는 도시가 어떻게 만들어졌고, 어디를 향해 가려고 하는지를 읽을 수 있을 것이다. 그리고 거기에서 생겨난 "시부야 모델"의 도시 만들기는 반드시 일본, 그리고 세계의 도시로 확산될 것이라고 믿고 있다.

그럼, 세계의 어느 도시에도 없는 시부야다운 새로운 도시만들기의 이야기를 시작해 보자.

시부야와 디자인
SHIBUYA × DESIGN

건물 디자인은 제각기 다르지만 어딘가 일체감이 있다.
자세한 규칙은 정하지 않고, 관계자가 논의를 거듭하는
'프로세스형'으로 만들어 간다. 다양성을 중시한 시부
야의 디자인·경관은 어떻게 태어났는지, 시부야역 중심
지구 디자인회의, 어반코어 등의 '아이덴티티'를 통해
알아보고자 한다.

시부야스트림, 시부야스크램블스퀘어 제1기(동관), 시부야후쿠라스…. 2018년부터 2019년에 걸쳐 잇따라 대규모 복합시설과 오피스 빌딩이 개업한 시부야에서 변화가 가장 심한 장소이다. 이 지역은 경관·디자인 면에서는 도쿄 중에서도 꽤 특이한 장소라고 할 수 있겠다.

그도 그럴 것이 시부야역 중심 지구는 도쿄의 경관지역룰(특정 구역 경관형성 지침)의 지정 지구에 해당하기 때문이다. 참고로 도쿄에서 이 규칙이 적용되는 것은 시부야 동쪽 지구와 가부키초 시네시티 광장 주변 두 곳뿐이다. 대규모 건축물이 다수 계획되는 지역에서 각 사업자와 현지 지자체가 협의하는 것으로 독자적인 경관 지역 룰을 정할 수 있다고 되어 있다. 그리고 이 독자적인 경관 지역 룰을 논의·결정하고 운용하기 위한 회의가 2011년에 시작한 '시부야역 중심 지구 디자인회의'(이하 디자인회의)이다.

역 중심 지구의 다섯 블록 중 디자인회의 설치 전에 계획된 시부야히카리에를 제외한 시부야스크램블스퀘어, 시부야스트림,

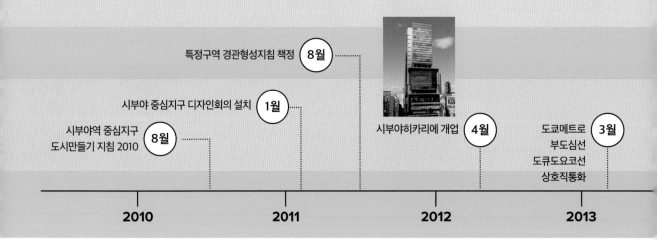

Shibuya × Design Chronology

특정구역 경관형성지침 책정 8월

시부야 중심지구 디자인회의 설치 1월

시부야역 중심지구 도시만들기 지침 2010 8월

시부야히카리에 개업 4월

도쿄메트로 부도심선 도큐도요코선 상호직통화 3월

2010 2011 2012 2013

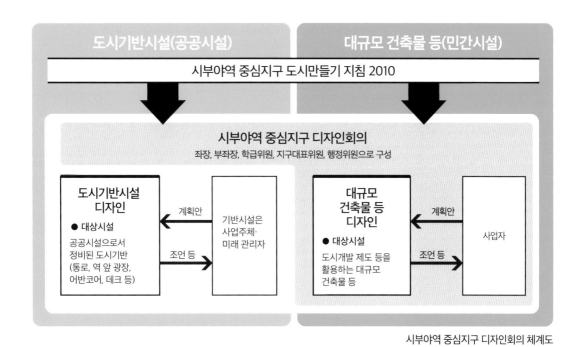

도시기반시설(공공시설)	대규모 건축물 등(민간시설)

시부야역 중심지구 도시만들기 지침 2010

시부야역 중심지구 디자인회의
좌장, 부좌장, 학급위원, 지구대표위원, 행정위원으로 구성

도시기반시설 디자인

● 대상시설

공공시설으로서 정비된 도시기반 (통로, 역 앞 광장, 어반코어, 데크 등)

← 계획안

조언 등 →

기반시설은 사업주체·미래 관리자

대규모 건축물 등 디자인

● 대상시설

도시개발 제도 등을 활용하는 대규모 건축물 등

← 계획안

조언 등 →

사업자

시부야역 중심지구 디자인회의 체계도

시부야스크램블스퀘어 제1기(동관) 개업 **11월**
시부야파르코·휴릭스빌딩 개업

시부야후라크스 개업 **11월**

사부야스트림 개업 **9월**
시부야브리지 개업

시부야캐스트 개업 **4월**

시부야소라스타 개업 **3월**

2017 **2018** **2019**

시부야후쿠라스, 2023년에 준공한 시부야 사쿠라가오카출구지구의 재개발 모두 디자인회의의 승인을 거쳐 계획된 것이다.

경관지역률이 있는 장소의 특성은 물론 사업자나 지자체의 의도를 반영한 도시만들기가 쉬워진다는 의미에서도 디자인회의의 역할은 매우 크다.

디자인회의=디자인 코드가 아니다

디자인회의는 원래 '시부야역 중심지구 도시만들기 지침2010'에 근거해 설치된 기관으로 도시계획 학자, 전문가, 지역 대표(상점회·지역회 등), 행정위원(시부야구) 등으로 구성되었다.

이 지침에서 그 역할을 "주요 도시정비시설(공공시설) 및 대규모 건축물의 경관디자인을 질적으로 향상시키기 위해 각 사업 주체의 디자인 검토 방안이 경관형성방침 등을 준수했는지 확인하고 주변 지역과의 조화·협력 방안에 대해 지도, 조언, 조정한다"라고

정해져 있다.

2011년부터 현재까지 정기적으로 개최되며 매회, 각 블록의 디자인 아키텍트나 디자인 어드바이저(DA), 설계자가 모형이나 CG 등을 이용해 프레젠테이션을 한다. 그 주제는 '광장'이나 '어반코어' 등 도시기반의 디자인으로부터 각 건물의 파사드, 옥상, 메인 로비 등 다방면에 걸쳐 위원과 질의응답을 거듭해 디자인을 확정해 가는 것이 기본적인 흐름이다.

예를 들어 시부야스크램블스퀘어 제1기(동관)의 옥상 디자인은 처음에는 단순한 하얀 볼륨이었지만 디자인 회의에서 주변과의 조화로움이나 원경(遠景)에 대해 검토를 거듭했다. 그 결과 코너를 강조하고 벽면에 그라데이션 디자인을 적용한 현재의 모습이 되었다.

'디자인회의'라는 명칭만 들으면 많은 사람이 건물 높이나 색채를 규제하거나, 외관의 디자인을 논의하는 이미지를 떠올릴지도 모른다. 그러나 디자인회의에서 논의되는 것은 이른바 형태적인 '디자인 코드'나 주관

시부야스크램블 제1기(동관) 입면 디자인 변천

각 빌딩 디자인은 지침을 베이스로 디자인회의에서
논의를 거쳐 "시부야스러운" 디자인으로 변화해 간다.

시부야 역 중심 지구 도시만들기 지침 2010

- 군(群)으로서 상징성을 갖춘 스카이라인 형성
- 건물 고층부는 주요 조망점에서 군(群)으로서의 외관을 고려하여 일체성 있게 디자인

디자인회의 의논

- 고층 부분에 관해 다른 블록과의 관계성을 검토할 것
- 건물군으로서 시각(원경)에 대해서도 제대로 검토할 것

- 각각의 방향에 대해 특징 있는 코너 디자인(中景)
- 코너를 향해 벽면에 그라데이션을 디자인하여 전체의 일체감, 안정감을 나타내는 디자인(中景)
- 전체는 시부야역 도시를 중심으로 군(群)으로서 스카이라인을 형성해 그 입면을 특징적인 설치로 한다(遠景)

적인 디자인의 좋고 나쁨이 아니다.

기준은 '시부야역 중심지구 대규모 건축물 등에 관련된 특정구역 경관형성지침'으로서 정해진 이하 다섯 항목이다.

① 블록마다 형성되어 온 자유롭고 다양한 도시 디자인을 계승하면서 활력과 품격 있는 경관을 목표로 한다.

② 역사와 전통, 새로운 변화가 다양하게 공존하고, 분지 지형에 따라 형성된 다양한 언덕길의 활기를 살린 시부야만의 경관을 조성한다.

③ 시부야강 수변과 녹지 축을 연계해 '도시의 윤택함'을 느끼는 경관을 목표로 한다.

④ 보행자 중심으로 누구나 걷기 편한 회유 공간을 만드는 경관을 목표로 한다.

⑤ 문화 콘텐츠를 생산하고 홍보하는 도시로 세계의 문화와 사람들을 끌어들이는 경관을 목표로 한다.

각각 시부야의 일체감을 만들어내기 위한 주요 관점만을 언급할 뿐 해석은 어디까지

나 각 블록의 DA에 맡겨진 것이 특징이다. 실제 회의에서도 지침에 있던(혹은 지침을 능가한) 제안인지, 주위의 경관과 조화하는지 등의 시점에서 논의가 행해져 최종적으로는 "시부야다운" 개성이 판단의 기준이다.

덧붙여 시부야역 중심 지구는 앞서서 언급한 도쿄도의 '경관지역률 적용 제1호' 때문에 이전 사례가 전혀 없었다. 그러므로 디자인회의 초기에는 '무엇을 어디까지 결정하면 좋을지'부터 논의가 시작되어, 마치 어둠 속에서 새로운 길을 찾는 암중모색의 상태였다. 명확한 기준이 없다면, "색은 이렇게 하고…", "형태는 이렇게 하라"는 등의 물리적인 목표도 정할 수 없었기 때문이었다. 이러한 상황에서 논의와 조정을 하나하나 쌓아 정답을 이끌어내는 것이 디자인회의의 방식이었다. 이 장의 좌담회(36쪽~)에 등장하는 설계자가 모두 "정말 힘들었지만 그 역할은 지대했다"라고 망설임 없이 답하고 있다.

시부야 거리의 아이덴티티 '어반코어'

2012년에 개업한 시부야히카리에 구상 단계에서 골격이 완성되고, 그 후 디자인 회의에서도 자주 논의의 테마가 되는 것이 '어반코어'이다. 역을 중심으로 지형이 지닌 고저 차를 극복해 이동이 쉽고, 걷기 편한 도시를 만들기 위해 마련된 개념이다.

시부야 도시 만들기의 주요 멤버이자 디자인회의의 좌장인 나이토 히로시는 2008년 인터뷰에서 어반코어에 대해 다음과 같이 말했다. "역을 중심으로 그물 모양으로 뻗어나가는 가로 시스템의 노드 부분에 어반코어라는 동선의 결절점을 만드는 자체가 시부야 정체성의 하나가 될 것이다. 시부야의 도시공간은 굉장히 복잡하지만 어딘가 목적지에 가려면 어반코어를 거쳐 그곳으로 갈 수 있다."(시부야 문화 프로젝트 인터뷰에서)

당시는 '100년에 한 번'이라는 시부야 대규모 개발의 전체 구상이 가시화되려던 시기. 각 블록 중심이 되는 장소(건물)에 어반코어를 설치하여 지하와 지상, 데크 레벨을 에스컬레이터나 승강기로 연결한다. 거기에 보행자 데크 등 수평 방향의 동선이 조합됨으로써 역과 도시 사이의 원활한 연결을 확보한다는 개념이 완성되었다.

실제로 어반코어 디자인에서 중시한 것은 동선의 기능성과 함께 시부야의 랜드마크로서 역할을 갖게 하는 것이었다. 상업시설

시부야역 중심지구 디자인회의

안에 단지 일반적이 에스컬레이터가 있는 것만으로는 건물과 일체화되어 랜드마크가 될 수 없다. 특히 시부야에는 대규모 상업시설도 있고, 작은 상점이 늘어선 상가나 술집골목도 있어 지역별로 개성이 다양하다. 어반코어는 각 시설의 기능성뿐만 아니라 그 지역을 대표하는 '얼굴'이 되어야 한다는 의견이 있었다.

또, 단순한 수직 동선이 아니라 민간 시설 안에 공공 공간을 만든다는 것도 주요 테마였다. 도시의 핵심은 많은 사람들이 모여 이동하는 공공 공간이므로 건물에서 분리되어 자체의 특색을 갖는 것도 필요했다. 이러한 개념을 공유하고 시부야히카리에는 SHIBUYA109의 실린더 형상에 아이디어를 얻어 지하 3층에서 지상 4층까지를 개방된 공간, 또 시부야스트림은 시설 핵심 색채와 동일한 선명한 노란색을 사용하는 등 다양한 디자인을 시도했다. 각 장소에서 가장 눈에 띄는 곳에 설치되어, 들어서는 순간 자신이 지금 어느 곳에 있는지를 곧바로 알 수 있는 배려있는 설계로 되어 있다.

어반코어를 기점으로 하는 각종 동선이 완성됨으로써 메이지거리와 진구거리를 횡단하는 역의 동서 방향과 국도 246호를 사이에 둔 남북 방향의 분단 등이 크게 개선되는 것 외에, 장기적으로는 도겐자카 위에서 시부야역을 지나 아오야마 방향까지 계단을 오르내리지 않고 편리하게 이동할 수 있게 된다.

이러한 개념은 디자인회의 등을 통해 각 사업자나 설계자, 행정 관계자에도 공유되어 현재는 '어반코어가 없으면 시부야가 아니다'라고 말할 정도로 확고히 정착되어 있다. 어반코어와 같이 통일된 개념이 있는 한편 건물의 고층 부분의 자유라는 개념도 시부야 디자인의 재미있는 부분이다. 역 주변에 있는 시부야스트림과 시부야스크램블스퀘어, 시부야후쿠라스를 나란히 해도 서로 다른 소재나 색을 이용하고 있는 것을 알 수 있다.

어반코어가 관통하는 지하에서 지상까지의 부분은 공공 공간으로 보행자에게도 알기 쉽고, 각 블록를 연결하는 공통의 역할

어반코어 단면 투시도

이 있으나 그 외의 건물 부분은 사유공간으로 다양성이 존중되어야 한다는 것이 공통된 인식이다.

마찬가지로 각 블록의 DA에 대해서도 설계자와는 별개로 선정되어 각 블록·프로젝트의 개성이 확보되고 있다.

'가이드라인형'으로부터 다양성을 중시한 '프로세스형'의 경관룰

시부야 도시 디자인에 대해 논의가 시작된 것은 시부야히카리에 계획이 시작된 2007년 즈음이다. 당시 '시부야에는 가이드라인형 도시재개발이 맞지 않는 것이 아닐까?', '좋은 의미로 미로 같은 거리를 가이드라인으로 컨트롤하는 것이 어렵지 않을까?'라는 의견이 있었다고 한다.

예를 들어 황궁 주변의 다이마루유 지역은 수도 도쿄의 품격 있는 경관을 만들기 위해 상세한 가이드라인, 매뉴얼 등의 기준을 정하고 사업자는 그 기준에 근거하여 디자인·설계를 실시하여 구체적인 미래 비전 제시를 통해 경관을 실행하도록 유도하는 '가이드라인형'이다. 그에 비해 시부야는 건물이나 블록마다 주변 환경을 감안해 디자인을 보완해 가는 '프로세스형'이다. 다이마루유가 명쾌한 경관을 지향한다면 시부야는 변화하는 경관을 지향한다. 시부야다운 다양성이 살아 있는 풍부한 디자인을 유도하기 위해서는 세세한 방침을 지나치게 만들지 않고 논의를 거듭해 가자는 합의가 있었다. 이 뜻이 디자인회의로 이어졌다.

특히 시부야의 경우 여러 블록의 재개발이 동시에 진행되면서 역이나 도로 등 기반 역시 동시에 정비할 수밖에 없기 때문에 복잡하게 얽혀 있다. 또한 도시계획 단계에서는 각 사업이 공식적으로 결정되지 않고 변경될 가능성도 있는데다가 착공 후 시간이 꽤 흐른 뒤에 변경되는 부분이 많아 공사 기간도 특정할 수 없었다. 그 때문에 단계적으로 논의하지 않으면 의사결정이 어려웠다. 어반코어를 비롯한 통일된 개념은 유지하지만 개별 디자인은 각각의 설계자가 검토

시부야후쿠라스 어반코어

시부야스크램블스퀘어 어반코어

를 거듭해 새로운 안을 제안하고 디자인회의에서 함께 논의되었다. 시부야의 다양성을 상징하는 '프로세스형 경관 유도'는 일본을 대표하는 디자이너나 조직설계사무소, 사업자나 행정이 하나가 되어 만들어진 것이다.

앞으로 도쿄 내의 주요 역을 비롯해 고도경제성장기에 만들어진 기반의 정비를 수반하는 대규모 재개발이 진행되는 가운데 디자인회의를 비롯한 시부야의 프로세스형 도시만들기가 주목받을 것이 분명하다.

디자인회의는 역 중심지구 내의 대규모 개발이 모두 끝날 때까지 변함없이 이어질 것이지만, 그 안에서 논의되는 내용은 개발 상황이나 시대 흐름에 맞추어 유연하게 변화해 나아갈 것이다. 그야말로 시부야가 선택한 프로세스형 도시만들기의 장점이며, 계속 변화하는 것이야말로 이 도시의 아이덴티티가 될 것이다. 시부야에서는 오늘도 세계에 건주어도 손색없는 도시 경관과 디자인을 만들기 위해 뜨거운 논의를 계속하고 있다.

시부야스트림 어반코어

시부야히카리에 어반코어

지하와 지상을 하나의 동선으로 연결하는 수직 이동의 거점을 각 블록에 설치하여 시부야 디자인의
정체성이라고 할 수 있는 '어반코어'. 2012년에 완성되어 재개발의 상징이 된 시부야히카리에의 설
계자 니켄세케이 요시노 시게루, 2018년에 옛 도요코선 시부야역 철거지에 만들어진 시부야스트림
디자인 아키텍트를 맡은 CAt의 아카마츠 요시코, 시부야 도시계획에 오랫동안 관련해 온 니켄세케
이 오쿠모리 키요요시가 말하는 어반코어를 통해서 본 새로운 도시의 모습이란?

SHIBUYA

DESIGN

TALK-01
어반코어로 연결하는
'사람의 움직임'과 '도시의 다양성'

어반코어의 "원통형" 디자인은 시부야 다움의 상징

오쿠모리: '어반코어'는 2007년에 책정된 '시부야역 중심지구 지역개발 가이드라인'에서 처음으로 언급되었습니다. 어반코어는 상하 이동의 거점의 기능과 각 블록의 상징, 환경 장치, 최소한 세 가지 측면의 의미가 있다고 생각합니다.

요시노: 히카리에의 지하 3층에서 지상 4층까지를 연결하는 부분이 어반코어로서 제1호라고 할 수 있습니다. 하지만 원래는 환경 장치로서의 의미가 컸습니다. 예를 들어 지하 공간에 자연 채광과 환기, 지하열 방류 등을 위한 검토였습니다.

아카마츠: 시부야스트림의 어반코어도 지하가 깊기 때문에 채광 장치로 이용하고 싶다는 제안을 처음부터 했습니다.

요시노: 실은 히카리에 어반코어는 처음에는 사각형이었습니다. 그러나 '도시의 중심이란 무엇인가'라는 논의에서 나이토 히로시 씨가 "건물과 동화되지 않고 특색을 지닌 형태가 필요하다"라는 조언을 했습니다. 히카리에 건물 자체에 사각형 요소가 많았기 때문에 부채를 펼친 모양과 유리의 다면체 디자인도 검토했습니다.

아카마츠: 원통형 모양이 된 계기는 무엇인가요?

요시노: 나이토 씨와 같이 도시 만들기 검토회 위원이었던 키시이 다카유키 씨가 시부야를 대표하는 건물 'SHIBUYA109'도 원을 강조한 디자인이기 때문에 역시 '시부야다운 것은 원형 디자인이 아닐까?'라는 의견에서 비롯되었습니다.

오쿠모리: 아카마츠 씨는 이미 히카리에 어반코어가 존재하는 상황에서 스트림의 디자인을 어떻게 생각해 냈을까요?

아카마츠: 디자인회의를 통해 어반코어의 의미 형성이 매우 중요하다는 사실을 줄곧 세뇌당했다고 해야 할까요(웃음). 시부야는 '분지 지형'으로 스트림이 있는 국도 246호의 남쪽 지역은 이른바 시부야로부터 다소 분리된 상황에서 사람의 흐름을 연결하는 기능을 시각적으로 알기 쉽게 나타내고 싶었습니다. 스트림은 시부야강을 넘어 바깥 가장자리에 있기 때문에 거리를 따라 어반코어가 방해되지는 않으면서 자체의 존재를 살릴 필요가 있었습니다.

오쿠모리: 디자인회의가 설립된 것은 2011년입니다. '지속적으로 진화하는 시부야'라는 강점을 살리기 위해 시부야다운 프로세스형 경관 만들기를 목표로 검토와 조정을 거듭하는 역할

로 시작되었습니다. 디자인 회의에서 어떤 논의가 있습니까?

아카마츠: 어반코어가 외부로부터 명확히 인식되면서 건물, 광장, 강이 하나의 풍경이 되면 좋겠다고 생각했습니다. 그래서 생각한 것이 유리 스크린 아이디어입니다. 논의를 진행하면서 "어반코어는 둥글다"라는 이야기가 나왔죠.

요시노: 도중에 그런 이야기가 나왔습니까?

아카마츠: 네, 각 어반코어에 공통점을 갖게 하자는 의견이 있었고요.

오쿠모리: 존재감 있는 부분과 존재감을 느끼게 하지 않는 부분이 양립하는 것이 인상적입니다. 보통 많은 사람이 모이는 곳이라면 더 많은 디자인이나 기능을 담으려는 것이 일반적이라고 생각합니다.

아카마츠: 기본적으로 어반코어는 동선이라고 생각했기 때문에 단순한 디자인으로 하자고 제안했습니다. 코지마 씨 (CAt의 공동 설립자)의 초기 스케치

SHIBUYA PEOPLE

대규모 개발 틈 사이에
작은 스케일의 것들을
디자인하고 싶어

아카마츠 카즈코
CAt

에도 '어반코어=빛'이라고 써 있습니다. 어떻게 빛을 지하 공간까지 유입시킬지를 생각했기 때문에 유리라는 재료 이외의 선택은 별로 없었습니다.

'이동'하는 것이 새로운 체험

오쿠모리: 완성된 후 실제로 어반코어가 사용되는 것을 보고 어떻게 느끼셨습니까?

요시노: 여름에 에스컬레이터에서 손을 내밀면 정말 지하에서 열기가 올라오는 것을 느낍니다. 그렇게 의도하고 설계했기 때문에 당연한 일이긴 하지만, 일단 제대로 기능하고 있어서 안심했습니다(웃음). 단지 장소적으로 에스컬레이터를 사용하는 사람들이 서두르는 경우가 많아서 설계자로서는 좀 느긋하게 위 아래로 이동하는 것을 즐겼으면 하는 마음입니다.

아카마츠: 스트림의 어반코어는 완전한 원형이 아니라 원통형 다면체입니다. 특히 밤에는 주변 빛이 유리에 비치고 그 안쪽으로 고속도로나 횡단보도가 보여 현실 풍경과 유리에 비친 영상이 겹치는 재미있는 현상이 일어납니다.

요시노: "인스타 감성"의 명소가 되었죠 (웃음).

스트림은 동선이 인상적인 노란색으로 강조되고 있습니다. 색에 대해서는 어떤 논의가 있었습니까?

아카마츠: 지하를 걸어 지상으로 나오는 에스컬레이터가 잘 보이지 않아서 헤매고 사인투성이가 되는 게 좋지 않다고 생각했습니다. 그래서 시각적으로 수직 동선을 쉽게 인식할 수 있도록 하는 것이 좋다고 생각했습니다. 색조에 대해서는 많은 논의를 통해 가장 화려하고 선명한 노란색을 선택했고 디자인회의에서도 의외로 순조롭게 받아들였습니다.

요시노: 노란색은 굉장히 알기 쉽고 블록 전체의 이미지를 이끄는 느낌입니다.

아카마츠: 사인이나 마크에도 같은 색채를 사용할 수 있게 되어 지금은 '스트림 옐로'라는 이름이 붙어 있습니다.

오쿠모리: 두 분은 각각 다른 시기에 재개발에 참여하셨는데요, 서로의 디자인에 어떤 인상을 가지고 있습니까?

아카마츠: 스트림의 콤페(competition)가 있었던 것이 2011년으로 히카리에가 개업한 그 다음 해였죠. 일과는 관계없이 '아아, 드디어 개관이구나'라고 설레던 적이 있습니다. 히카리에가 만들어진 곳은 예전의 도큐문화회관 터로 제가 처음으로 영화를 본 곳이기도 하거든요.

요시노: 많은 사람들에게 같은 말씀을 많이 듣습니다(웃음).

아카마츠: 히카리에에 들어서서 사이니지(signage, 광고 디지털 스크린) 링 속을 에스컬레이터로 올라갔을 때에 드는 상승감을 새로운 시부야의 상징이 생겼다고 생각했습니다. 매우 날카로운 디자인의 건물과 그와 대조적인 느낌의 어반코어가 공존하고 있어 매우 인상적이었습니다.

요시노: 느끼셨습니까?(웃음). 사이니지가 자연스럽게 눈에 들어와 에스컬레

이터를 타면서 다양한 정보를 얻을 수 있다는 것이 새로운 이동의 체험일지도 모르겠습니다.

아카마츠: 지상으로 이동할 때 '히카리에에 왔다', '스트림에 왔다'라고 인식해 자신이 지금 어디에 있는지를 아는 것도 체험으로서 재미있지요.

오쿠모리: 가이드라인을 만들 때 복잡한 시부야를 알기 쉽게 하는 것이 도시 재생의 핵심 목적이라는 논의가 있었습니다. 그런 의미에서 스트림 옐로도 매우 명쾌하다고 생각합니다.

요시노: 히카리에 어반코어는 도쿄 메트로 부도심선이나 긴자선 등 노선끼리 연결되어 있기 때문에 시각적으로 각 노선이 보이게 하고 싶었습니다. 그 결과 스트림 어반코어에서 수도고속도로를 달리는 자동차가 보이는 것을 보고 매우 감동했습니다.

이렇게 변화를 계속하는
도시는 시부야 말고는 없어

요시노 시게루
니켄세케이

아카마츠: 역에 도착해서 에스컬레이터 노란색이 공간의 특징이 되고 또 시선을 위쪽으로 향하면 고속도로의 움직임이 천장 거울을 통해 보이면 좋겠다고 생각했습니다.

오쿠모리: 시부야의 가장 재미있는 것이 바로 옆에 고속도로가 있거나 건물 안으로 전철이 들어가거나 하는 것일지도 모르겠네요.

요시노: 동감입니다. 그리고 보니 히카리에는 아직 완공되지 않고 임시사용 상태입니다. 도쿄메트로 긴자선 선로의 상부에 데크를 만들어 시부야역 동서를 연결하는 '스카이웨이'가 계획되고 있고 '시부야히카리에 히카리에데크'까지 연결되어 드디어 완성(※좌담회 때는 미완성. 2021년 7월에 완공)됩니다. 지금 있는 보행자 데크뿐만 아니라 스카이웨이에도 사람들이 쉽게 이동할 수 있게 만들어 역이나 인접하는 장소와 더 긴밀하게 연결되었으면 하는 바람입니다.

시부야의 캐릭터를
새로운 건물 디자인으로

오쿠모리: '시부야스크램블스퀘어 제1기(동관)'와 '시부야후쿠라스'가 준공했고 '시부야역 사쿠라가오카출구지구'도 착공해 어반코어가 한층 더 성장하고 있습니다.

아카마츠: 시부야는 국도 246호와 수도고속도

로로 분리되어 있기 때문에 각 장소마다 특징이 생겨났다고 느낍니다. 역동적인 유동성이 필요하면서도 도시 전체가 획일화되지 않는 재개발의 방식이 요구되는 지금의 시대 상황을 잘 반영하는 장소가 바로 시부야라고 생각합니다.

요시노: 어반코어에 블록을 상징하는 개성을 갖게 하는 것도 그 하나의 수단이지요.

아카마츠: 다음은 '그들을 어떻게 연결해 나아갈 것인가?' 하는 단계로 진화해야겠지요.

요시노: 스트림은 앞으로 시부야역 사쿠라가오카출구지구와도 연결되나요?

아카마츠: 네. 동쪽 지역 디자인 아키텍트 후루야 마사히로 씨와도 세세하게 조정하고 있습니다. 시부야를 걷던 중 '왜 이 장소에서만 우산을 써야 하지?'라고 느낀 적이 있습니다. 시부야의 경우는 디자인회의가 있어 지역 담당자 간의 조정으로 해결할 수 있었습니다. 각 지역이 가지는 개성을 살리면서, 다른 한편으

로는 서로를 연결하는 재개발 사례는 거의 없기 때문에 시부야가 꼭 좋은 성공 사례가 되었으면 합니다.

요시노: 히카리에는 시부야 최초의 개발로 디자인회의도 존재하지 않았습니다. 원래 시부야는 누군가가 전체를 디자인한 것이 아니고 자연 발생적으로 완성되어 온 도시입니다. 그런 도시를 계획적으로 재개발하려면 어떤 방법이 있을까 하고 생각했고, 곧 "각 장소마다 특색이 있는 것이 시부야"라는 것을 발견했습니다. 그 특색을 살린 것이 어반코어 디자인입니다. 그 덕분에 계획적으로 장소의 특색을 살리는 재개발이 가능했다고 생각합니다.

아카마츠: 히카리에 디자인에도 그런 생각이 반영되었습니까?

요시노: 네, 도시의 요소를 쌓아 나무블록처럼 수직으로 겹쳐 연결한 것이 히카리에입니다. 사무실도 있고 극장도 있고 홀도 상점도 있어 용도에 따라 나누는 것이 자연스러웠습니다. 그렇게 나누고 그 사이사이에 퍼블릭 스페이스를 만들고 승강기로 묶는 구성이 되었습니다. 스트림은 어떻습니까?

오쿠모리 키요요시
니켄세케이

아카마츠: 대규모 복합시설의 경우 상부 볼륨은 사업성의 관점으로 어느 정도 정해지게 됩니다. 그래서 우선은 저층부를 중점적으로 검토했습니다. 도큐도요코선의 기억을 어떻게 남길지, 주변의 소규모 빌딩이나 골목이 밀집한 규모감과 어떻게 맞출지, '여기가 빌딩의 입구!' 라는 정형화된 유형을 만들지 않고 무작위한 보이드(void)를 만들고 주변의 골목길을 건물 내부로 통과시키는 구성으로 설계했습니다.

요시노: 흰색 패널과 유리 칸막이벽을 무작위로 조합한 상층부의 외관도 인상적이지요.

아카마츠: 외관은 그저 디자인에 그치지 않고 자연 통풍과 채광, 햇빛 차폐 등의 다양한 기능을 포함한 외관을 만들고자 연구와 토론을 거듭했습니다. 그러고는 이후에 만들어질 다른 빌딩과도 조화를 고려하는 것이었지요. 그와 더불어 자주 논의했던 것은 휴먼 스케일(human scale, 인간의 몸 크기를 기준으로 하는 정한 공간, 척도)을 고려한 저층부와 도시 스케일의 상층부를 어떻게 연결할 것인지에 대한 것이었습니다.

오쿠모리: 저층부라고 하면 마스터플랜 단계부터 시부야 강에 대한 논의도 있었습니다.

아카마츠: 프로젝트에 처음 참가했을 때부터 계속 강의 존재를 의식했습니다. 그도 그럴 것이 저희 예전 사무소가 메이지거리와 시부야강 사이에 있는 작은 빌딩에 입주하고 있어서 일상적으로 대면하던 때가 있었습니다. 화려한 도시이지만 시부야강 같은 도시의 보이드적인 부분이 시부야의 진짜 모습이 아닌가 하고 느꼈습니다.

대규모 재개발 속에
작은 프로젝트를 녹여내다

요시노: 제가 학생 때 시부야는 도겐자카에서 역까지 내려오면 왠지 지저분하고, 계단을 오르내려 전철을 타는 것도 귀찮았습니다(웃음). 그랬던 것이 시부야마크시티가 완성되어 동선이 도겐자카로 연결되면서 도큐백화점 본점 쪽으로도 접근하기 쉬워져 도시의 회유성(回遊性)에 큰 변화를 만들었습니다. 히카리에도 어반코어를 통하면 오모테산도 방면으로 산책하듯 걸어 갈 수 있습니다. 좁은 골목길이라도 서로 연결된다면 거대한 브리지 같은 것이 없어도 사람의 흐름을 만들 수 있다고 느꼈습니다.

아카마츠: 히카리에는 아오야마로 스트림은 에비스와 다이칸야마로 연결됩니다. 각각 오래

전부터 독특한 입지적 개성을 지녔고 그 개성을 충분히 살리면서 계획하면 도시로서의 재미와 편리함을 양립할 수 있겠지요.

요시노: 이렇게 변화하는 도시는 시부야 이외에 없지 않나요? 제가 나이를 먹는 가운데도 늘 진화하고 새로운 발견과 재미가 있는 도시라고 느낍니다.

오쿠모리: 앞으로 시부야에 기대하거나 하고 싶은 프로젝트가 있습니까?

요시노: 시부야가 변화하는 가운데 아직 변하지 않았다고 느끼는 것이 JR시부야역입니다. 아마 디자인회의에서도 논의하고 있다고 생각합니다. 개인적으로는 건축 디자인이라기보다 좀 더 휴먼 터치인 플랫폼이나 개찰구 등 많은 사람들이 이용하는 공간의 디자인도 해보고 싶습니다.

아카마츠: 대형 개발을 하는 것으로 대기업이 들어와 도시가 활성화되는 것은 물론 좋은 일이

지만 저 개인적으로는 스타트업 같은 작은 규모의 모습도 남겨가고 싶습니다. 예를 들어 점포 위에 주택이 있거나 아틀리에를 만들어서 활동하는 등 창의적인 것들노 살 살려 도시의 생활을 좀 더 다양하게 만들었으면 좋겠다고 생각합니다. 대규모 개발 사이사이에 오래된 작은 빌딩들이 잘 개수되어 존재한다면 더 다양하고 재미있는 도시가 되지 않을까요.

요시노 : 민관 제휴로 재생된 시부야 강변에 세워진 펜실빌딩(Pencil Building)을 재생하자는 움직임도 있습니다. 시부야강 근처는 그야말로 독특하고 재미있는 점포들이 많이 모여 있습니다. 그것들이 잘 재생된다면 정말 포용력 있는 도시가 될 거라 생각합니다.

아카마츠 : 메이지거리와 시부야강 사이의 그 얇은 종이 한 장 같은 공간이 사실은 중요한 것일지도 모르겠네요.

오쿠모리 : 단순한 자본의 논리만으로는 움직일 수 없는 것을 어떻게 조화롭게 공존할 수 있을지, 그 구조나 논의도 매우 중요합니다. 크고 작은 다양한 프로젝트의 협력이 시부야 활성화로 이어지리라 믿습니다.

요시노 시게루
니켄세케이 디자인 펠로
1961년 미에현 출생.1986년 니켄세케이 입사, 설계 부문에 소속되어 분쿄 시빅 센터, 일본 과학 미래관, 호치민 회의 전시장, 도쿄스카이트리, 시부야히카리에, 호텔 오리온 모토브리조트 & 스파 등의 설계 감리를 담당.
2013년 설계부문 디자인 펠로

아카마츠 카즈코
CAt 파트너 / 호세이대학 디자인공학부 교수
일본여자대학교 가정학부 주거학과 졸업 후 시라칸스 (나중의 C+A, CAt)에 참가. 2002년부터 파트너. 2013년부터 호세이 대학 디자인 공학부 조교수, 2016년부터 교수. 주요 작품으로 나가레야마 시립 오타카노 모리 초·중학교, 교아이 학원 마에바시 국제 대학 5호관 등. 시부아스트림의 디자인 아키텍처를 맡는다.

오쿠모리 키요요시
니켄세케이 집행 임원 / 도시부문 프린시펄
1992년, 도쿄 공업대학 대학원 종합 이공학 연구과를 수료한 후, 니켄세케이에 입사.전문은 도시 플래너.도쿄역, 시부야역으로 대표되는 역 도시일체형 개발(Transit Oriented Development: TOD)에 종사하며 중국, 러시아 등 많은 해외 TOD 프로젝트에도 참가. 주요 수상에 토목학회 디자인상, 철도건축협회상, 일본 부동산학회 저작상 등.

TALK-02
시부야스크램블스퀘어에서 생각하는
"도시를 흥미롭게" 재개발

2019년 11월 새로운 랜드마크로서 개업을 맞이한 시부야스크램블스퀘어 제1기(동관).
시부야 지역에서 가장 높은 대규모 복합시설 디자인은 관계자 간 토론에서 방향성을 이끄는 '프
로세스형'으로 이루어졌다. 쿠마켄고 건축도시설계사무소에서 설계 최고책임자를 맡은 건축가
후지와라 테츠히라, SANAA파트너 야마모토 리키야, 니켄세케이 카츠야 타케유키와 카네유키
미카가 시부야 디자인이 만들어지는 과정, 더욱이 중앙관·서관으로 이어지는 프로젝트 이후 방
향에 대해 대담을 나누었다.

상하좌우로 자유롭게 교차하는 독특한 협업

후지와라: 2015년까지 쿠마켄고사무소에서 설계 최고책임자를 맡고 있었고 시부야스크램블스퀘어에는 기본 계획으로부터 설세 진행까지 관여했습니다. 계획 당초는 업무의 구분이 불명확한 상태로 누가 어디를 디자인하는지가 아닌, 모두의 생각을 반영해 전체를 포괄하는 가장 좋은 방향의 디자인을 만들려면 어떤 방법이 좋은지를 논의했습니다.

카츠야: 니켄세케이는 건물 전체의 설계부터 감리까지 담당했습니다. 기본설계 단계에서는 사업자도 포함해서 워크숍을 통해 논의하면서 전체가 함께 지향해야 할 목표를 정해 나아가는 것에 주력했습니다.

야마모토: 저는 SANAA 멤버로 사무소 대표 세지마 가즈오 씨와 함께 그 논의에 참가했습니다. 시부야역 하치코스퀘어을 중심으로 동서 남북을 연결하는 것, 기존 도시와 어떻게 연결되어야 하는지 등, 특히 동선 공간에 관해 많은 스터디를 한 기억이 있습니다.

카츠야: 구체적인 디자인의 단계가 되고 나서 니켄세케이는 고층동 부분을 메인으로 디자인

방향을 굳혀 갔습니다. 게다가 공사에 들어간 단계에서 전망시설 'SHIBUYA SKY'를 추가했고 그 디자인도 함께 진행했습니다.

후지와라: 최종적으로 쿠마 사무소는 동관 저층부의 전면과 저층의 남단 측을 담당하게 되었습니다. 그것은 '광장을 중심으로 디자인을 생각하는 것이 좋지 않을까?'라는 발상에서 시작된 것입니다.

야마모토: 저희는 서쪽 중층동의 외관, 거리와 각 선의 홈을 연결하는 동선, 그 위를 덮는 큰 지붕 등, 시부야역 하치코광장 주위 서쪽 출구 전체를 담당하여 줄곧 동선 부분을 중심으로 디자인을 진행했습니다.

카네유키: 3개 설계회사가 한 건물을 두고 위 아래로 관여하거나 평면적으로 교차거나 하는 이런 협업은 이전에 없었던 사례입니다. 각 회사의 역할이 정해진 뒤는 어떻게 디자인을 발전시켜 갔습니까?

카츠야: 처음에는 일부러 디자인을 만들지 않고 열심히 조사한 자료만 제시했습니다. 그때 대비적으로 화두에 올랐던 곳이 것이 도쿄역 주변 오테마치였습니다. 오테마치에는 격자 시스템으로 깔끔하게 정리된 도로가 있고, 각 블록에는 면을 맞추고 즐비하게 늘어선 초고층들

이 있습니다. 한편, 시부야는 분지이기 때문에 모든 도로가 시부야역에서 방사상으로 퍼져 점점 나뉘어 갈라지기 때문에 전망이 좋지 않습니다.

후지와라: 분지의 저점에서 방사형으로 길이 뻗어 있기 때문에 역으로 향하는 시선이 건물의 모퉁이로 향하게 되죠.

카츠야: 실제로 시부야스크램블스퀘어의 벽면이 도로에 맞닿아 있지 않고 건물의 모퉁이에 길이 와 닿는 형태였다. 그러한 입지와 어반코어의 디자인이 결합한 점은 매우 좋았다고 생각합니다.

후지와라: 이런 이야기를 디자인회의에서 사업자에게 프레젠테이션 합니다. 학회나 대학의 강의 같은 학술적인 분위기가 있어 매우 흥미진진했습니다. 그 논의를 통해 어반코어라는 시부야만의 독특한 구성을 이해할 수 있었습니다.

카츠야: 재미있고도 어려웠던 것은 그 개념을 파악하는 방법이었죠. 시부야히카리에의 경우는 확실히 덩어리 '코어' 디자인입니다. 스크램블스퀘어는 시부야의 중심에 있어 사람이 점점 유입되는 장소이므로 상징적인 닫힌 형태를 만든다면 기능이나 사람의 흐름과 맞지 않았을 겁니다. 결과적으로 동쪽은 '코어'라는 말로 연상되는 덩어리가 아닌 형태가 되었습니다.

야마모토: 큰 역이라고 하면 대부분 역 빌딩이 있고 도시와 단절되어 있는 인상이 강합니다. 하지만 시부야의 경우 입체적인 구조로 된 역이어서 역과 그 경계가 여러 방식으로 연결되어 있는 것도 재미있다고 생각합니다.

카츠야: 논의되었던 것은 딱딱하고 정형화된 고층 건물은 저층부로 내려갈수록 시부야의 에너지, 사람의 흐름, 도시와의 관계 등을 받아들여 부드럽고 다변적으로 변화되는 디자인이었습니다.

야마모토: 처음에는 유럽의 역처럼 광장 안에 상징적인 역을 느낄 수 있는 아이디어도 있었습니다. 하지만 검토하는 동안 도시에서 역 플랫폼까지 어떻게 연속적으로 연결할지를 중심

으로 생각하게 되었습니다.

카츠야: 시부야는 터미널이 아니라 항상 사람이 교차하는 환승역으로서 흐르는 듯한 사람의 동선을 만드는 것이 제일 중요합니다. 그 교착하는 다이너미즘(dynamism) 같은 것을 어떻게 디자인할지가 재미있는 부분이라 하겠습니다.

야마모토: 그에 더해 시부야만의 독특한 스케일감이 존재합니다. 도로 폭이나 점포 폭과 간격이 휴먼 스케일에 맞춰져 있죠. 그런 장소에서 사람과 만나고, 먹고 마시고 하는 도시의 역동성을 그대로 역이나 광장까지 끌어들일 수 있으면 좋겠다고 생각합니다.

하나의 건물이 아니라
도시 전체의 부분으로 존재하는 방식

후지와라: 세지마 씨로부터 물렁한 바나나 껍질 같은 중앙관 지붕(53쪽 아래 참조) 안이 나왔을 때에 이 프로젝트가 보통 재개발과는 달라지고 있다는 인상이었습니다. 사업자가 많은 데다 부지 구분이 복잡하다 보면 아무래도 각 영역에서 표층을 디자인하게 되는 경향이 있습니다.

야마모토: 시부야는 그렇지 않았죠.

후지와라: 네. 세지마 씨가 대담한 지붕과 곡면 벽의 디자인 안을 내놓았다면 쿠마켄고사무소로서는 그와 대비적으로 깎아 내거나 굴곡 있는 디자인으로 제안하면서 마치 재즈 세션을 하는 듯한 조화로운 전체 골격이 정해진 느낌이 들었습니다.

카츠야: 보통이라면 두 개 볼륨을 어떻게 조합할까 하는 문제가 대두되지만 상업시설은 볼륨으로서 남기면서 퍼블릭의 부분은 반대로 깎아 만들어 낸 듯한 디자인으로 잘 맞아떨어졌다고 말할 수 있습니다.

후지와라: 초고층 빌딩은 아무래도 획일적인 디자인이 많습니다. 하지만 이곳은 공간의 형식이 초고층답지 않고 미끄러지듯 연결되는 독특한 저층부의 공간이 존재합니다.

SHIBUYA PEOPLE

**건물만 만드는 것이 아니라
도시를 만들어**

후지와라 테페이
후지와라 테페이 아키텍츠랩

카네유키: 동관은 저층부와 고층부의 조합으로 수직방향의 상승감을 표현했다고 자주 이야

기를 들었습니다.

후지와라: 전면에 도쿄메트로 긴자선이 있어서 빌딩이 보이지 않죠. 반대로 긴자선을 지나는 체험을 거쳐 빌딩 입구로 들어서는 것도 이 프로젝트의 특징입니다. 그리고 시부야히카리에와 시부야스트림 등 주변 개발과의 연동이고요. 여러 가지 동선이 연결되기 때문에 하나의 빌딩이라기보다는 도시 전체로 생각해야 하는 것도 재미있는 부분입니다.

카네유키: 고층 부분은 어떻습니까?

카츠야: 지금까지 이야기와 같이 시부야라는 도시와 연결되는 초고층을 만들고 싶다는 것이 큰 포인트였습니다. 역으로 향하는 사람의 흐름을 어떻게 건물 위까지 어떻게 연결해 나아갈까? 단순히 초고층 형태가 도시에 연결되어 있을 뿐만 아니라, 그 꼭대기에서도 뭔가 사람들의 역동성을 유발하는 공간이었으면 하는 바람이 있었습니다.

카네유키: 그래서 'SHIBUYA SKY'를 구상하게 되었나요?

카츠야: 네. 고층 부분 디자인에 대해서는 쿠마 켄고나 세지마사무소가 저층에 디자인한 면을 접는 듯한 디자인으로 코너를 향해 형태를 조금씩 변화시켜 포인트를 만들고 있습니다. 유리에 세라믹 프린트가 들어가 있거나 중간에 세로의 환기슬릿이 들어가거나 하는 것도 코너를 향해 투명도를 높이는 디자인을 구현하기 위해서입니다.

후지와라: 지금까지는 입체적으로 철도 선로가 있어 중층은 차단되어 있었습니다. 그것이 이번에는 선로를 위로 넘거나, 아래로 통과하는 시퀀스(sequence)를 중시해 디자인되었습니다. 전부 완성되면 시부야의 사람 흐름이 아메바처럼 연결되어 상당히 독특한 도시 공간이 될 것이라고 생각합니다.

카네유키: 지금은 건축 공공성을 의식해 디자인을 검토해가는 것이 일반화되었다고 할 수 있습니다. 10년 전부터 그것을 의식했군요.

카츠야: 시부야는 모든 것이 섞여 융합된 듯한, 계획할 수 없는 에너지가 도시의 힘을 만들고 있습니다. 그것을 정형화하고 축소하면 의미가 없습니다. 그래서 역뿐만 아니라 시부야라는 도시 전체 특성도 이 건물의 성립에 굉장히 기여한다고 생각합니다.

야마모토: 시부야이기 때문에 특히 성공적인지도 모릅니다. 기존 거리에 그러한 요소가 산재해 있었기 때문에 효과적으로 연결하기 쉬웠던 것이죠.

카츠야: 초고층 스케일과 저층부 작은 스케일이 잘 융합해 어떻게 도시와 균형을 맞출지는 꽤 중요한 포인트입니다. 기존 시부야의 작고 세세한 스케일 속에 거대한 초고층이 무작위로 존재한다면 도시가 완전히 두 개로 나뉠 것입니다.

후지와라: 찍어내기 식의 건축과 도시가 아닌 크리에이터의 생각이 실현되는 매우 흥미로운 장소로 만들기 위해서는 그런 실천이 지속되어야 한다고 생각합니다.

공유하면서 진행하는 프로세스형 프로젝트

후지와라: 전체 준공까지 앞으로 6년. 제가 담당한 프로젝트는 완성됐고 이제 스크램블스퀘어 앞 중앙동 입체 광장과 빅 루프(Big Roof)의 완성을 기다리면 되는 입장이라 홀가분합니다 (웃음).

카네유키: 완성할 무렵이 되면 실로 20년 전의 디자인을 실현하게 되는군요. 중앙관과 서관 디자인 키워드는 무엇입니까?

야마모토: 이런 도시적인 프로젝트이기 때문에 인간에게 친숙한 스케일이 매우 중요하다고 생각합니다. 어반코어는 단순한 수직 동선이 아니라 도시의 회유성을 완성하는 중요한 열쇠가 되며 그 위를 덮는 빅 루프도 유기적으로 형태가 변화해 다양한 모습을 만듭니다. 또 중앙관과 서관은 도시의 작은 단위의 스케일과 조화하도록 파사드(facade, 건물의 입면)를 나눠 상업 시설의 내부가 보이면서 그 공간이 특히 시부야역 하치코광장, 스크램블 교차로에서 도시로 퍼져 나가도록 계획했습니다.

카츠야: 중앙관과 서관이 완성되면 지상레벨, 데크, 그 위의 4층 광장 등 저층부에 몇 개의 레벨이 생기는군요.

야마모토: 입체적인 회유성에 의해 연속적으로 시야가 변화되면서 어느 틈엔가 각 레벨에 자연스럽게 올라갈 수 있도록 계획하고 있습니다. 그리고 그들을 시각적으로 연결되는 것처럼 빅 루프가 도시의 어느 곳에서도 잘 보이고 역 광장과

야마모토 리키야
SANAA

SHIBUYA PEOPLE

전 세계에서
시부야에만 있는 유일한 것을
만들고 싶어

저층부가 전체적으로 입체적인 광장이 되는 디자인을 의도하고 있습니다.

카츠야: 전부 완성되었을 때 사람들의 입체감 있는 역동성이 넘치는 모습이 기대됩니다.

카네유키: 역을 보여주는 방법도 역동적이네요.

야마모토: 역도 도시 속에 존재하는 것처럼 디자인하는 것이 최초의 발상 중 하나입니다. 자연스레 역으로 흡수되어 가는 듯한 주변까지 포함한 지역 전체가 역구간이기도 하고 거리이기도 한, 그런 경계가 없는 하나의 공간을 만들고 싶습니다.

후지와라: 미야마스자카를 걷다가 도중에 도쿄메트로 긴자선 지붕 위로 올라가 도로를 건너 빌딩 안에 들어가 거기에서 빅루프 아래를 지나 하치코광장으로 내려가는 세계 도시 어느 곳에서도 찾아볼 수 없는 입체적인 보행 경험이 될 것 같습니다 (웃음).

카츠야: 나이토 히로시 씨와 키시이 다카유키

씨가 주도한 디자인회의라고 하는 시스템도 좋았던 것 같습니다. 자주 있는 개발이라면 상향식 룰이 정해져 있고 그 테두리 안에서 디자인을 합니다. 하지만 이 프로젝트는 몇 번이고 논의와 협의를 거듭하면서 디자인을 굳혀가는 프로세스형 방식이었죠. 그 속에서 좋은 해결 방법을 찾아냈던 것 같습니다.

카네유키: 디자인회의에는 10년간 약 20회 정도 디자인 제안에 대한 논의를 했고 아마 앞으로도 지속해 나아갈 것입니다.

후지와라: 대단한 일이지요. 매회 지역 주민이나 전문가로부터 날카로운 의견이 나오고 디자인회의를 통해 크게 설계안이 바뀌었으니까요.

카츠야: 그만큼 열의가 상당했습니다. 가치 기준을 공유한 후 디자인 제안이기 때문에 기초가 견고해 디자인 논리가 쉽게 무너지는 법이 없었지요.

카네유키: 정부와 전문가와 여기까지 논의를 거쳐 디자인을 유도한 예는 그리 흔치 않을 것입니다. 이 방식을 다른 지역에서도 적용하고 싶다는 의견도 많았습니다. 앞으로 본질적인 의미로 사람이나 도시에 열린 개발이 늘어나는 것이 아닐까 하고 기대합니다.

SHIBUYA PEOPLE

**시부야라는
도시와 연결되는
초고층을 만들고 싶어**

카츠야 타케유키
니켄세케이

도시가 유기적으로 성장하는
재개발의 새로운 형태란?

카츠야: 도쿄 시부야에 머물지 않고 세계 속 시부야로 키워가고 싶다는 이야기를 사업자들에게 여러 번 들었습니다. 지는 그 장대한 목표를 건축으로 어떻게 하면 실현할지를 수없이 생각하게 된 프로젝트였습니다.

카네유키: 여러분의 그런 마음가짐이 시부야를 특별하게 만들고 있는지도 모르겠습니다.

카츠야: 한때 1980년대 시부야는 패션과 젊은 이의 도시로 선진적인 문화를 창출하고 있었습니다. 그런 원래 가지고 있던 힘은 없어지지 않았지만, 더욱 발전하기 위해서는 새로운 무언가를 첨가해 가야 한다고 생각합니다. 이번 일련 개발은 그 시간이 적절하게 맞아떨어졌다고 생각합니다.

카네유키: 그 '새로움'이란 무엇인가?

카츠야: 하나는 많은 사람들이 모이는 최신 소비문화의 세계적인 진원지라는 포지션입니다. 또 다른 하나는 1980년대 시부야와는 다른 유형의 창작이 만들어지는 도시, 즉 정보산업의 창조 거점이라고 하는 포지션입니다.

후지와라: 실제로 IT 기업도 많이 옮겨 오고 있고 시부야가 새로운 일을 할 수 있는 도시로 바뀌는 것을 느낍니다.

카츠야: 그렇습니다. 최근에는 오테마치와는 다른 종류의 직장인 모습을 많이 볼 수 있게 되었습니다. 이번 개발에서는 사업자, 행정, 계획자가 확실한 비전을 가지고 도시를 만드는 것으로 사람의 흐름이 바뀌고 사람의 의식이 바뀌어 새로운 사람이나 문화가 모여들고 있습니다. 바로 거기에 대규모 개발의 역할과 의미가 있다고 느낍니다.

야마모토: 프로세스를 포함해 열려 있다는 의미에서도 이 프로젝트는 재개발의 새로운 유형을 제시하고 있다고 생각합니다. 기존의 고정관념을 무너뜨리고 윤곽과 경계가 불명확한 것을 만들려는 시도들은 새로운 시대의 도시 만들기 모범 사례입니다.

카네유키: 경계를 모호하게 만들고 싶다는 것은 세지마 씨도 당초부터 말씀하셨습니다. 프로젝트 초기에 관민 경계를 무시한 설계안이 제안되었던 것을 기억합니다(웃음).

야마모토: 아직까지도 계속해서 경계를 넘나들어 필사적으로 노력하고 있습니다(웃음). 빅루프는 동쪽에 조금이라도 얼굴을 내밀려고 하고 동쪽 어반코어도 서쪽으로 침범하려 하고

있습니다.

카네유키: 서로가 서로의 지역에 얼굴을 내미는 상황이죠(웃음).

야마모토: 발밑부터 타워 꼭대기까지 보통 역 빌딩과는 전혀 다르다고 느낍니다. 경계를 만들고 거대한 덩어리로 만드는 것이 아니라 다양한 건물과 장소가 모여 구성되어 있는 느낌으로 도시가 자연스럽게 성장해가는 방식, 그런 새로운 도전을 할 수 있는 것도 시부야가 도시로서 포용력이 있기 때문이겠지요.

SHIBUYA PEOPLE
도시만들기의
키워드는 '시부야에서 놀자!'

카네유키 미카
니켄세케이

후지와라: 한편으로 지극히 인간적인 도시라 느낍니다. 미야시타파크도 완성했고 오쿠시부야의 활기도 더 생겨나 역으로 이어지는 길이 점점 재미있어지고 있습니다. 그런 의미로 시부야는 점점 '사람들이 걷기 좋아하는 도시'가 되어가고 그렇게 되면 도시를 사용하는 방법도 바뀌어 갈 것 입니다. 물론 소비 도시로서 역할은 지속되면서 새로운 무언가를 발상하거나 실험하거나 사람과 만나 새로운 것을 만들어 내거나 등의 여러 가지 사용법이 생겨나지 않을까 생각합니다.

야마모토: 시부야에 모여드는 사람들이기 때문에 새로운 도시를 잘 이해하고, 잘 활용할 거라고 기대합니다.

후지와라: 최근 도쿄가 지루해졌다고 자주 듣습니다. 그것은 도시가 지루해진 것이 아니라 우리 생활로부터 놀이 요소가 줄어든 것이 크다고 생각합니다. 그러니까 모두 도시를 놀이터 삼아 더 즐기고 놀 수 있도록 하면 좋을 것 같습니다.

카네유키: 키워드는 '시부야에서 놀자'네요(웃음).

후지와라: 프로젝트를 통해 느낀 것은 건물을 만드는 것이 아니라 도시를 만든다는 것입니다. 앞으로 완성된 도시공간을 운영하는 사람들이 더해지면 어떻게 잘 활용하고 진화시켜 갈 것인가가 더욱 중시될 것입니다.

카츠야: 이 도시가 그런 놀이와 같이 한정된 고정관념을 넘어 사람들의 창조적인 부분을 받아들이는 그릇으로 계속해 남아주었으면 좋겠네요.

야마모토: 역 앞의 동선 공간도 단순한 이동공

간이 아니라 작은 광장의 연속과 같은 공간이 되어 다양한 역동성을 만들어줄 것이라 기대합니다.

후지와라: 물론 디자이너가 노력한 것도 있겠지만 사업자 측이 디자이너를 향해 창의적인 자극을 지속해준 면도 크다고 생각합니다. 시부야이기 때문에 새로운 도전을 같이하자는 분위기.

야마모토: 시부야에 대한 자부심이라고 할까요, 전 세계에서도 시부야밖에 없는 유일한 것을 만들고 싶다는 생각은 항상 하고 있습니다.

카네유키: 확실히 '단순한 빌딩은 만들고 싶지 않다'라고 관련된 많은 분들이 말합니다.

후지와라: 시부야를 좋아해 프로젝트 담당을 하고 있다는 사람도 많고 도시 만들기나 재개발에 그러한 개인 감정과 의사가 반영되는 것은 것이 아주 바람직하다고 생각합니다. 그 지역과 장소를 아끼고 좋아하는 사람이 개발의 담당자가 되는 일이 앞으로도 당연하게 여겨졌으면 좋겠습니다.

후지와라 테페이
후지와라 테페이 아키텍처 랩 주재
1975년 요코하마 출생. 요코하마 국립대학 졸업, 요코하마 국립대학 대학원 수료. 2001~2012년 구마켄고 건축도시설계사무소 설계 실장·파트너. 2012년~ 후지와라 테페이 아키텍처 랩 주재. 2009년~ 드리프터스 인터내셔널 이사. 건축을 중심으로 도시 만들기, 랜드스케이프, 아트, 연극 등에 경계를 넘어 관어하고 있다

야마모토 리키야
SANAA 파트너
1977년 후쿠이현 출생. 도쿄 이과대학 공학부 건축학과 졸업, 요코하마 국립대학 대학원 수료. 2002년 SANAA/세지마 가즈요 건축설계사무소 입사. 2013년부터 SANAA 파트너.

카츠야 타케유키
니켄세케이 설계부문 / 신영역 개척부문 디렉터
1976년 고베시 출생. 2000년 니켄세케이 입사.국내외 사무실과 대학, 스포츠 시설 등을 디자인하면서 사회와 사용자를 활성화하기 위해 NIKKEN ACTIVITY DESIGN 랩을 이끌고 건축 설계 외 영역에 대한 도전을 이어가고 있다. 주요 업무로는 캄푸누 계획(바르셀로나), 아리아케 체조경기장, 시부야스크램블스퀘어, 목재회관, 매기스 도쿄 등

카네유키 미카
니켄세케이 도시부문 도시개발부 디렉터
니켄세케이에 입사한 후 지역 비전과 규제 완화 등의 정책 입안에서부터 복합적인 도시 개발 사업의 도시 계획 컨설팅까지 폭넓게 담당. 최근에는 시부야역이나 도쿄역 주변 지역의 역-도시 일체형 개발에 임하고 있다. 또한, (사)시부야 미래 디자인에 설립부터 참가해, 컨설턴트로서 새로운 도시만들기의 제도 구축 등을 추진하고 있다

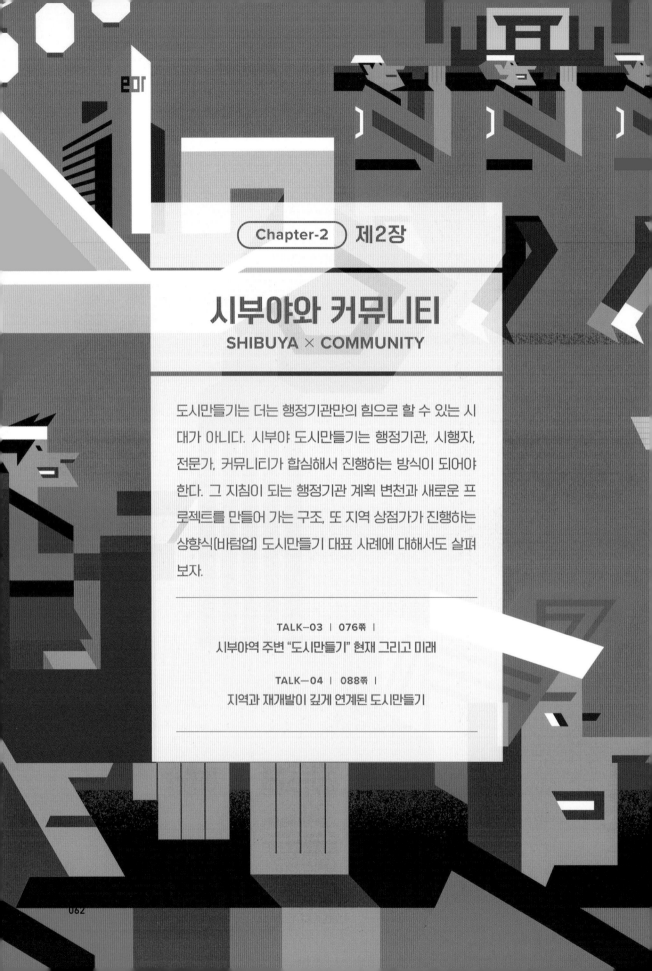

Chapter-2 제2장

시부야와 커뮤니티
SHIBUYA × COMMUNITY

도시만들기는 더는 행정기관만의 힘으로 할 수 있는 시대가 아니다. 시부야 도시만들기는 행정기관, 시행자, 전문가, 커뮤니티가 합심해서 진행하는 방식이 되어야 한다. 그 지침이 되는 행정기관 계획 변천과 새로운 프로젝트를 만들어 가는 구조, 또 지역 상점가가 진행하는 상향식(바텀업) 도시만들기 대표 사례에 대해서도 살펴보자.

시부야 도시만들기는 대체 언제부터 시작했을까? 프롤로그에서도 언급했듯이 100년에 한 번이라고 하는 대형 프로젝트 시작은 2000년의 도큐도요코선과 도쿄메트로 부도심선의 상호 직통 운전이 결정되기까지 거슬러 올라간다.

도시만들기 지침이 되는 행정기관 계획에 대해서도 언급하자면 2003년에는 '시부야역주변 정비가이드플랜21', 2007년에는 '시부야역 중심지구 지역개발 가이드라인 2007', 2011년에는 '시부야구 중심지구 지역개발 지침2010', 2016년에는 '시부야역 주변 지역개발 비전'이 각각 책정되어 현재에 이르고 있다.

시부야 도시만들기는 철도나 도로, 역 앞 광장이라는 도시기반 정비와 민간 사업자에 의한 개발이 동시에 진행되기 위해 민관이 연계되어 지역 커뮤니티와 보폭을 맞추면서 진행해 나아갈 필요가 있었다.

그 협의와 조정을 진행하는 조직으로 2011년에 설치된 것이 '시부야역 중심지구 도시만들기 조정회의'(이하 도시만들기 조정회의)이

Shibuya × Community Chronology

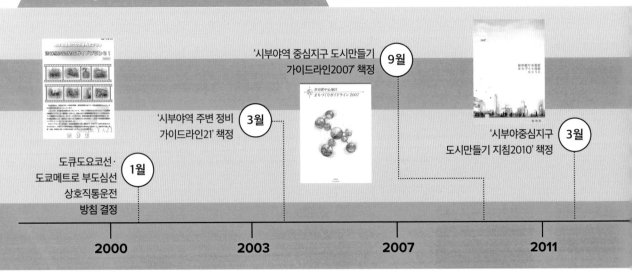

'시부야역 중심지구 도시만들기 가이드라인2007 책정 **9월**

'시부야역 주변 정비 가이드라인21' 책정 **3월**

'시부야중심지구 도시만들기 지침2010' 책정 **3월**

도큐도요코선·도쿄메트로 부도심선 상호직통운전 방침 결정 **1월**

2000   2003   2007   2011

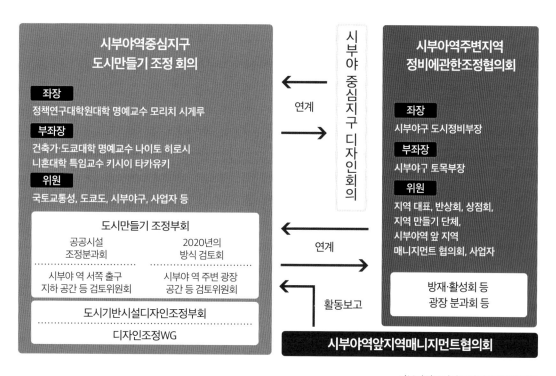

시부야역도시만들기조정회의체제도

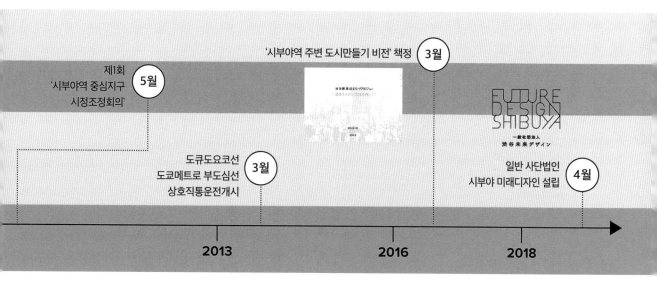

다. 이 회의에서 분기되는 형태로 도시만들기 조정 부회, 도시기반시설 디자인 조정 부회 등이 설치되어 개발이나 도시만들기에 관한 다양한 검토와 논의를 진행하고 있다. 이러한 행정기관이 주도하는 회의체와 달리 지역의 커뮤니티회, 상점회, 도시만들기 단체, 사업자 등이 참가하는 조직도 마련되고 있다. 그것이 시부야구 주도로 2006년에 설치된 '시부야역 주변지역 정비에 관한 조정협의회'(이하 조정협의회)이다.

도시만들기 조정회의, 제1장에서 언급한 디자인회의 등의 협의체 조직과 연계하여 행정기관계획이나 도시만들기의 정보를 지역과 공유하고 방재와 활력 있는 도시만들기, 시부야역 하치코광장을 어떻게 할 것인가에 대해 의견 교환이 이루어지고 있다.

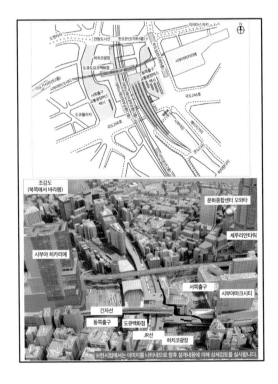
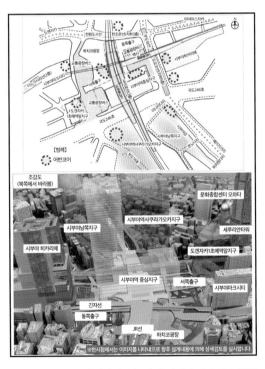

2012년 당시의 모습(좌)과 장래의 정비 이미지(우)

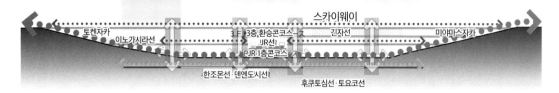

스카이웨이

토켄자카
이노가시라선
3층,환승콘코스
JR선
진자선
미야마스자카
JR 1층콘코스

한조몬선·덴엔도시선
후쿠토심선·토요코선

보행자 네트워크 개념도(동서 단면)

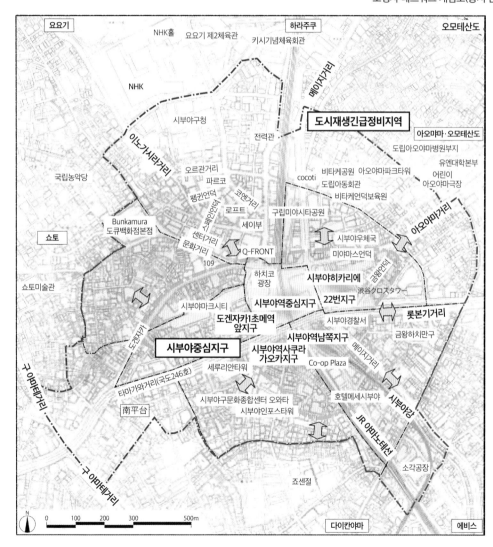

| 요요기 | | 하라주쿠 | 오모테산도 |

NHK홀 요요기 제2체육관 키시기념체육회관

NHK

메이지거리

도시재생긴급정비지역

시부야구청 전력관 아오야마·오모테산도

도립아오야마병원부지

국립농악당 오르관거리 파르코 비타케공원 아오야마파크타워 유엔대학본부
cocoti 도립아동회관 어린이
펭귄언덕 아오야마극장
이노가시라거리 로프트 코엔거리 비타케언덕보육원
세이부 구립미야시타공원
센터거리 시부야우체국
Bunkamura 문화거리 Q-FRONT 미야마스언덕 아오야마거리
도큐백화점본점 109 쇼토

쇼토 하치코 시부야히카리에 渋谷クロスタワー
쇼토미술관 광장 22번지구 롯본기거리
시부야마크시티 시부야역중심지구
도겐자카1초메역 시부야경찰서 금왕하치만구
앞지구 시부야역남쪽지구 메이지거리
시부야중심지구 시부야역사쿠라 Co-op Plaza
가오카지구 시부야강
세루리안타워
타마가와거리(국도246호) 호텔메세시부야 시부야강
南平台 시부야구문화종합센터 오와타 JR 야마노테선
시부야인포스타워
소각공장

구 야마테거리 구 야마테거리

조센절

N 0 100 200 300 500m

| 다이칸야마 | 에비스 |

도시만들기 지침의 대상 범위

067

행정기관, 사업자, 지역 주민…
모두가 만드는 '프로젝트형'

2000년대 초반까지 일본 도시계획은 행정기관이 미리 큰 틀을 정하고 그것을 민간이 실행하는 이른바 '마스터플랜형'이 주류였다. 시부야 도시만들기는 그것과는 대조적으로 각 이해관계자가 연계하면서 개별적으로 개발을 실시하는 '프로젝트형'을 선택했다. 전자는 '하향식(톱다운)', 후자는 '상향식(바텀업)'이다.

물론 시부야 개발에서도 행정기관이 책정한 마스터플랜은 존재한다. 그러나 위에서 언급한 회의에서 볼 수 있듯이 각 프로젝트의 집합체로서 인프라와 건축을 통일적으로 진행해 나아가겠다는 생각이다. 2016년 '시부야역 주변 도시만들기 비전'을 봐도 '시부야 도시 변화를 존중하며, 시부야역 주변의 개성을 최대한으로 살리는 "주민이나 시부야에 관련된 다양한 사람들'이 주역이 되는 도시만들기를 검토한다"라고 되어 있다. 시부야의 경우 역 앞 다섯 블록의 개발이

동시에 진행되기 때문에 지역 특성과 도시 전체의 모습을 잘 통합하는 하나의 방향으로 그려 나아갈 필요가 있었다. 게다가 철도사업자와 개발사업자가 중복된 가운데, 인프라를 정비하는 측, 개발을 하는 측, 지역 주민, 그들을 조정하는 행정기관이 같은 탁자에 마주 앉아 다각적으로 토론했다. 그 과정을 통해 철도와 광장, 건물 등 복잡하게 얽히고설킨 개발을 단일 방향으로 풀어 나아가는 것을 목표로 했다.

고도경제성장기 개발은 행정기관이 마스터플랜을 그리고 그 큰 그림을 바탕으로 프로젝트가 만들어지고 진행되는 방식이었다. 예를 들면 과거의 뉴 타운 같이 마스터플랜으로서 그린 그림이 반드시 10년 후에 완성되어 도시가 만들어진다고 한다. 그러나 현재와 같이 성숙한 사회에서는 수요가 없는 곳에 미래 그림만을 그리는 것으로는 아무도 움직이지 않는 것이 당연지사다.

물론 마스터플랜형 개발이 훌륭한지 프로젝트형 개발이 뛰어난지에 대해서는 도시계획이나 도시만들기 전문가들 사이에서도

의견이 분분하다. 현재 일본에서 진행되는 대규모 개발에서도 계획은 행정기관, 개발은 사업자 중심으로 진행되는 경우가 많고, 프로젝트를 통한 개발, 커뮤니티 등 다양한 주체가 참여한 도시만들기 성공 사례는 그리 많지 않다. 그도 그럴 것이 프로젝트형의 경우 행정기관, 사업자, 지역 주민 등의 이해와 요구를 수렴하고 다각적으로 조정해 나아갈 필요가 있어, 그 난이도가 매우 높기 때문이다.

거듭 강조하지만 시부야 도시만들기의 주역은 '사람'이다. 도시에 사는 사람, 일하는 사람, 여가를 즐기는 사람을 비롯해 이 도시를 사랑하는 다양한 사람들의 의견을 어떻게 수렴해 상향식 도시만들기를 실현해 갔는지 그 구체적인 사례를 살펴보자.

한 관계를 만들고 도시 과제를 해결해 나가는 상향식 도시만들기 대표적인 예라고도 할 수 있는 것이 2019년에 개장한 시부야후쿠라스를 포함함 상점가인 '시부야 중앙거리'이다. 시부야후쿠라스는 시부야역 주변 개발 프로젝트 중에서는 비교적 소규모이지만 부지 내외로 시부야 도시 재생에 기여하

관광 안내 시설(shibuya-san)

서쪽 출구 버스 터미널

상향식 도시만들기의 대표 사례 '시부야 중앙거리'

지역 사람들이나 행정기관, 사업자가 밀접

는 여러 가지 다양한 노력이 담겨 있다.

중앙거리가 위치한 도겐자카 1초메 지구 도시계획이 결정된 것은 2012년 말이다. 그러나 중앙거리에서는 시부야후쿠라스 재개발 준비 조합이 생기기 훨씬 전인 2006년부터 당시 상점 회장을 중심으로 행정기관과 연계한 '도시만들기 검토회'가 존재했다. "시부야의 신바시"라고도 불리며 길가에 음식점이 늘어선 시부야 중앙거리가 안고 있던 문제는 화물용 반출입 차량들이 좁은 거리를 일상처럼 메우는 것이었다. 그런 상황에서 2012년 중앙거리, 시부야 경찰, 시부야후쿠라스의 개발 사업자가 모여 '지역조정협의회'를 설치했다.

이 협의회는 2019년 12월 시부야후쿠라스 준공까지 7년간 총 14회 개최하여 지역 보행환경을 개선하고 활기찬 도시만들기를 실현하기 위한 논의가 이루어졌다. 최종적으로 길가의 화물용 코인주차장을 배치하는 것과 함께 시부야후크라스의 지하 2층에 7대분의 지역 화물 주차장(애칭: ESSA)을 정비하는 것이 결정되었다.

【중앙거리 적재규칙】

- 대상 지역은 평일 17시, 휴일 12시~다음 날 5시는 차량 진입 금지.
- 각 빌딩 화물은 위에 적은 시간 이외에 실시.
- 노상에서 반입은 원칙적으로 금지하고 화물용 코인주차장 사용.
- 8~18시에는 지역 화물 주차장 ESSA를 적극적으로 사용.
- ESSA를 정기적으로 사용하려면 개별적으로 상담 필요.

또, 대상 지역 모든 빌딩에 이를 공지하고 빌딩 오너, 테넌트(tenant, 임차인), 출입하는 배송업자를 대상으로 설명회를 개최했다. 준공 전후에는 중앙거리와 도겐자카 1초메 역 앞 지구 시가지 재개발 조합, 시부야구와 경찰, ESSA운영자가 전단지와 깃발을 손에 들고 순찰을 실시하는 등 ESSA의 이용을 촉진하기 위한 홍보 활동을 했다.

그 결과 도로 위 화물 수는 급감하고 ESSA 가동 상황도 해마다 증가하는 추세이다. 이

중앙거리 하역장 규칙과 프로모션

규칙 책정에서 아래의 시설을 정비.

ESSA 이용 촉진을 위한 홍보 툴을 작성하여 이름 인식시키는 활동이나 순찰 실시

점포 배부용 스티커

순찰용 조끼

순찰용 안내 깃발

전단지

점포 배부용 플라이어

❶ 지역 하역 시설 ESSA

❷ 지역 하역용 엘리베이터

❸ 도로환경 정비

❹ 화물용 주차미터기 설치

것은 시설 정비로만 실현된 것이 아니고, 시부야 중앙거리를 중심으로 한 협의회 멤버가 오랜 세월에 걸쳐 상점가 환경 개선 활동을 지속한 성과라고 할 수 있다.

더욱이 재개발 사업의 공공 공헌으로서 옛 도로의 포장을 건물 외장과 연관된 디자인으로 정비하고 시부야후쿠라스 1층에는 공항 리무진 버스 정류장과 관광 안내 시설 'shibuya-san'을 병설했다. 대규모 상업시설과 거리에 있는 크고 작은 다양한 음식점, 신구의 거리가 조화롭게 존재하는 시부야의 다양성을 상징하는 지역으로 재탄생했다.

모락모락 연기가 피어나는 닭꼬치가게, 카운터를 앞에 두고 손님이 북적거리는 라멘가게 등이 처마를 맞대고 있는 시부야 중앙거리는 외국인 여행자에게도 생생한 시부야를 체험할 수 있는 귀중한 지역으로 앞으로도 남을 것이다.

오늘도 개발 사업자와 예전부터 그곳에서 장사를 해온 사람들이 함께 도시의 미래에 대해 긴 시간 대화와 논의가 이어지고 있다. 보통 시부야 개발은 크리에이티브, 엔터테인먼트 같은 부분이 조명되기 마련이지만, 그 바탕에는 이러한 사람들의 지대한 노력들이 뒷받침되었기 때문에 가능한 일이었다.

'시부야 미래디자인'이라는 새로운 도시만들기 실험장

중앙거리를 비롯한 상향식은 '프로젝트 오리엔티드' 도시만들기는 패치워크처럼 여러 에리어가 연결되어 다양성을 지닌 시부야에 적용하기 적절했다. 한편으로 다른 어느 도시에서도 똑같이 성립한다고는 말할 수 없을지도 모른다. 그러나 현재 도시만들기의 조류는 마스터플랜형으로부터 프로젝트형으로 서서히 바뀌는 것은 틀림없다. 시부야 개발은 바로 그러한 새로운 시대의 흐름을 구현한 '성숙형 도시만들기'의 변곡점이라고도 할 수 있다.

그럼 여기까지 알아본 도시 기반이나 건물

등 도시 골격의 정비가 시부야 도시만들기 제1단계라고 한다면 앞으로는 더 폭넓은 사람들과 협업하며 만들어 가는 제2단계 도시만들기로 옮겨가야 한다.

세계에서도 주목하는 라이프스타일, 문화, 비즈니스를 자랑하는 시부야 거리를 한층 더 활성화하기 위해서는 행정기관의 힘만으로는 한계가 있다. 다음 단계로 나아가기 위해서는 지역 중심도 아닌 프로젝트 중심도 아닌 넓은 시점을 가진 '도시만들기 이해관계자'가 필요하다는 논의가 서서히 생겨났다.

그러한 상황에서 2018년 시부야구와 파트너 기업 13개 사에 의해 설립된 것이 '일반사단법인 시부야 미래디자인'(제5장 참조)이다. 다이버시티(diversity, 다양성)와 인클루전(inclusion, 포용성)을 캐치프레이즈로 항상 실험을 반복함으로써 혁신을 일으키는 것이 목적이다. 어떤 의미로는 본격적인 시부야 도시만들기는 이제 막 시작된 것이라 하겠다.

지상하역장 순찰

지역하역장 ESSA

시부야후쿠라스 준공 후 시부야 중심거리

TALK-03
시부야역 주변
"도시만들기" 현재 그리고 미래

시부야 재개발 터닝 포인트는 2000년 도큐도요코선과 도쿄메트로부도심선 상호 직통 운전 결정까지 거슬러 올라간다. 이후 이 거대 프로젝트가 어떻게 진행되어 왔는지 알아보자. 모인 사람들은 퍼시픽 컨설턴트 코와키 타츠지, 시부야 미래디자인 전 사무국장 스도 켄로, 시부야구 토목부 도로과장 요네야마 준이치, 니켄세케이 오쿠모리 키요요시와 카네유키 미카이다. 행정기관이나 컨설턴트 등 다른 입장에서 도시만들기에 관련된 멤버들이 대담했다.

시부야 개발의 거센 흐름은 도큐도요 코선과 도쿄메트로후쿠도심선 상호 직통화에서 시작

카네유키: 시부야역 주변의 재개발이 진행되는 과정에서 중요한 시점마다 도시만들기에 관련된 행정기관 계획이 만들어져 왔습니다. 계획이 크게 움직이기 시작한 것은 2000년의 도큐도요코선과 도쿄메트로부도심선 상호 직통화 방침 결정으로부터 대략 20년이 흘렀습니다. 여러분은 어느 단계부터 시부야에 관여하셨습니까?

요네야마: 저는 바로 2000년에 시부야구 도시계획과에 배속되어 주로 2006년까지, 지하화하는 도큐도요코선 시부야역 터를 활용해 통과역이 되는 시부야에 어떻게 사람들을 머무르게 할 것인지를 주제로 도시계획 조정 업무를 하고 있었습니다.

스도: 저는 시부야구 도시정비부 시부야역 주변정비과로 이동한 2009년부터 시부야에 관여하고 있습니다. 그 후 시부야구 차세대형 도시만들기를 추진하는 조직 '시부야 미래디자인'에 파견되어 사무국장을 맡았습니다.

오쿠모리: 2009년이면 시부야히카리에 도시

재생특별지구가 제안되어 그 뒤로 예정된 블록의 계획이 구체화되어 가는 시기군요.

코와키: 제가 시부야에 관여하기 시작한 것은 아직 초기 단계로 작은 시냇물 정도가 흐르기 시작할 무렵인 1997년 정도입니다. 도큐전철 오피로 지하의 장래 계획안을 만든 것이 시작이었습니다. 계획이 움직이기 시작한 뒤로는 많은 분들과 함께 숨 쉴 틈도 없이 20년간 달리고 달려 지금까지 왔습니다.

오쿠모리: 시부야에 청춘을 다 바치셨다는 말씀이네요(웃음). 니켄세케이가 관여하기 시작한 것은 2003년, 도시재생긴급정비지역 신청을 위한 논의가 시작되었을 무렵입니다. 각 철도와 역 앞 광장을 어떻게 할지, 도시 기반과 건물과 철도를 한꺼번에 고려해야 하는 단계로 시부야스크램블스퀘어 건축 부지와 역 앞 광장 토지의 교환과 같은 재개발의 큰 골격에 대한 논의가 시작된 시기였습니다.

카네유키: 저도 행정 계획 단계에서 참여하였습니다만, 역대 행정 계획을 되돌아보면서, 당시 여러분의 생각이나 인상적인 에피소드에 대해 이야기를 들었으면 합니다.

요네야마: 최초로 시부야구가 정리한 것이 2003년 '시부야역 주변 정비가이드 플랜21'입

니다. 국도 246호 계획, 메이지 거리 계획을 각각 위원회를 만들어 진행하는 가운데, 시부야의 특징인 언덕길과 노점을 살려 사람 중심의 보행자 네트워크를 만드는 방침이었습니다.

코와키: 스크램블 교차로를 없애거나 시부야역 하치코광장을 선큰가든(도심의 빌딩이나 광장 등의 지하 공간에 채광이나 개방성 등을 확보하기 위해 상부를 개방하여 조성한 공원)과 데크로 둘러싸는 계획안도 있었습니다. 최종적으로는 하치코 동상을 이동하는 것은 있을 수 없다는 결론으로 마무리되었습니다.

오쿠모리: 도시 전체를 데크나 지하에서 연결하는 아이디어는 계승되고 있고 시부야스크램블스퀘어와 미야마스자카, 도겐자카 방면을 연결하는 데크 네트워크 계획은 당시부터 있었습니다.

요네야마: 분지 지형을 메운다고 할까요. 그 위에 능선을 만드는 발상이지요(67쪽 위 참조).

카네유키: 다만 '가이드플랜21'에는 철도 개량에 대해서는 전혀 언급이 없습니다.

요네야마: 다양한 사업자가 관계하기 때문에 행정기관만으로 실행하는 것은 어렵고 시부야는 복수의 노선이 혼재된 관계로 철도 사업자와 검토에는 시간을 필요로 했습니다.

코와키: 위원회에는 지역회나 상점회의 사람들도 많이 참가하고 있었습니다. 지하철 13호선(현 도쿄메트로 부도심선) 이외의 철도가 어떻게 되는가 하는 불확정 요소는 그 시점과 동일하다는 가정 아래 그 상황에서 무엇을 할 수 있는지를 계속 논의했습니다.

스도: 주민과 합의를 맺어가는 방법으로서 도시계획 책정 단계부터 지역 주민을 끌어들여 큰 회의체로 검토해 가자는 발상이었지요.

요네야마: 초기 단계부터 지역 주민을 끌어들여 도시만들기 논의를 시도한 것은 시부야가 최초의 사례가 아닐까 생각합니다. 그도 그럴 것이 2000년 이전 지구계획은 두 개밖에 없었고 모두 행정기관이 만든 계획을 민간이 실

미래는 모른다
그렇기 때문에
계획에 열정을 담아

요네야마 준이치
시부야구

행하는 형태였기 때문입니다. 그것이 2000년의 '도시계획 마스터플랜'에서 제안된 '모두가 함께 진행해 간다'라는 생각에 맞추어 지역과 행정기관, 민간이 함께 손을 맞잡았던 것 같습니다.

카네유키: 도시재생 방법이 2000년 이후 크게 바뀌었군요.

오쿠모리: 그렇습니다. 그 제1탄이라고도 할 수 있는 '가이드라인2007'은 철도나 역 앞 광장 재편, 시부야강 재정비가 주제였습니다. 민간 재개발 사업 전체 가이드라인을 만들고자 하는 것으로 '문화'나 '환경'도 주제에 담아 도시 재생을 상당히 의식한 내용이 되었습니다.

카네유키: 검토에서는 '지역조정협의회'가 설립된 것도 큰 의미가 있었던 것 같습니다.

코와키: '재개발을 진행하려면 지역 주민들과 정보를 공유하고 의견을 수렴해 계획에 피드백하는 구조가 필요하다'는 시부야구의 확고한 의지로 설립되었습니다. 지역 주민들과 논의 장소와 계획을 진행해 가는 장소가 양립되어 기능하고 있었습니다.

카네유키: 그 후 역 블록 등 주변 개발의 계획이 구체화되는 가운데 '시부야역 중심지구 도시만들기 지침2010'이 책정되었습니다.

스도: 행정기관이 계획을 만들고 민간은 의견을 낸다는 구분이 생겨 서로의 역할 구성이 명쾌하게 되었습니다. 모두가 시부야를 좋은 거리로 만들고 싶다는 것을 협의회도 점점 이해하면서 근본적인 대화가 진행되었습니다. '시부야다움'에 대해 말하는 페이지도 만들고, 지역 주민들의 도시에 대한 생각을 제대로 담았다고 생각합니다.

오쿠모리: '시부야다움이란 무엇인가?'에 대해 1년 정도 논의가 지속되었지요.

한때는 '뒷골목'이던 시부야강이 만들어낸 새로운 가능성

스도: '지침2010'에서는 국도 246호의 남쪽에 대해서도 언급하고 있습니다. 도시가 발전해 나아가기 위해서 빠뜨릴 수 없는 환경을 의식한 제안으로 '바람길'이나 '녹색축'이라는 키워

드로 표현했던 것이 주요했다고 생각합니다. 이런 식으로 직접적으로 표기하고 이해를 구하지 않으면 누구도 쉽게 의식하지 못했을 겁니다.

코와키: 시부야강에 대해서는 재생 기술적인 측면에서 어떻게 사용해 갈 것인지에 이르기까지 오랫동안 논의했습니다.

스도: 도큐도요코선 터가 시부야스트림의 개발

에 의해 산책로라는 공공 공간이 된 것은 굉장히 가치 있는 것이었고 그 공공 공간과 시부야강을 어떻게 연결시키는가가 앞으로 과제라고 생각합니다.

오쿠모리: 치수라는 점에서도 제약이 있고 도시 개발에서 본격적으로 강을 계획에 포함시키는 것은 흔한 일이 아닙니다. 또 지금까지는 '뒤쪽'이라고 할까요. 아무도 의식하지 않았던 시부

험하기도 했습니다. 어떤 이벤트를 하면 사람의 흐름이나 속성은 어떻게 되어 지역에 어떤 영향이 있을까라고 하는 것을 데이터화했습니다. 앞으로 이 데이터를 어떻게 활용할지 시부야구가 같이 고민해줄 것이라고 생각합니다(웃음).

카네유키: 그야말로 민관 협동! 여러 곳에서 도시가 바뀌는 시간이군요.

공공과 민간이 토론하며 진행하는 도시계획

카네유키: 도쿄메트로 부도심선 신설로 시작해 최종적으로 도큐나 JR동일본이 합동으로 철도를 여기까지 크게 개량한 도시재생은 아주 이례적이라고 생각합니다.

요네야마: 모두가 고구마 뿌리처럼 얽히고설켜 있었어요. 우선 도쿄메트로 부도심선과 도큐도요코선이 상호 직통 운전하는 것으로 되어 시부야를 단지 '통과역'으로 하지 않도록 시부야히카리에를 세워 사람의 흐름을 만들어야 했습니다. 아울러 도큐백화점 토요코점도 개량해야 했고 건물에 들어가 있던 도쿄메트로 긴자선의 역을 이동시킬 필요가 있었습니다.

야강에 많은 사람이 오가게 되었다는 의미에서 아주 큰 영향이 있었습니다.

요네야마: 주변에 가게나 사무실도 점점 늘고 시부야강의 수변 경관도 바뀌어 갈 것입니다.

스도: 시부야 미래디자인에서도 산책로에 'PARK PACK'이라는 컨테이너를 활용한 공공 공간을 설치하고 누가 어떻게 사용하면 좋은 공공 공간으로 도시에 정착해갈 수 있을지 실

오쿠모리: 긴자선을 어떻게 이동시킬지, JR사이쿄선을 어떻게 야마노테선에 접근시켜 편리성을 높을지에 대해서도 많은 논의가 있었습니다.

요네야마: 2003년 '가이드 플랜21'에서 논의는 있었지만, 기술적인 검토나 비용 부담 등의 조정이 필요해 당시는 행정기관으로서 상세한 계획까지 거론할 수는 없었습니다. 하지만 어느 순간부터 계획이 단번에 움직이기 시작했죠.

코와키: 큰 계기가 된 것은 역시 '철도사업자회의'였습니다. 시부야역이 안고 있는 과제를 어떻게 생각해갈까라는 논의를 진행하면서 이익관계 이야기도 이익 관계를 초월한 이야기도 포함한 정말로 핵심적인 회의였습니다.

카네유키: 철도사업자회의라는 협의회를 만들기만으로도 다양한 조정이 필요할 것 같습니다. 복잡한 계획이고 여러 이해관계자가 있는 가운데 '어떤 멤버와 어떤 목적으로 검토할 것인가?'라는 협의회의 정의를 만드는 것이 우선 중요한 과제였을 것 같습니다.

코와키: 그 회의가 추진된 것은 '가이드 플랜21'의 검토위원회 부위원장이었던 도쿄대학

스도 켄로
시부야 미래디자인

SHIBUYA PEOPLE

행정계획은
모두 함께 논의를 하기 위한
도구와 같은 것

이에다 히토시 교수가 '절대로 해내지 않으면 안 되는 과제'로 설정하고 고군분투한 덕분이었습니다.

스도: 당시는 개인의 힘이 상황을 움직이는 큰 지렛대가 되었습니다. 그리고 '지침 2010'에서 드디어 철도를 어떻게 개량해 나아갈지를 목표로 내걸 수 있었던 것입니다. 행정기관 측은 단지 '이렇게 해야 한다'라는 이상론을 말할 수 있어도 실제로 사업을 진행시키는 것은 민간의 철도사업자이기 때문에 쉽지 않은 일이었습니다.

코와키: 그 무렵은 매일 언성 높은 논쟁이 지속되었습니다(웃음).

스도: 그때 코와키 씨는 시부야역 주변 도시 기반을 어떻게 정비해 나아갈지를 정리한 '기반정비방침' 검토에도 관여해 주셨습니다.

코와키: 저는 행정기관 컨설턴트이면서 민간사업자 컨설턴트이기도 해서 "너는 도대체 어느 편이냐"라고 몇 번 핀잔을 들었습니다(웃음). 최종적으로는 행정기관과 민간의 공통분모를

부딪치고 이해하는
'사람이 주역'인 것이
시부야만의 즐거움

코와키 타츠지
퍼시픽 컨설팅 회사

찾아내는 것이 역할이었고 2009년에 도시 기반의 도시계획이 무사히 책정되었습니다. 이것이 개발의 단계가 단번에 진전된 순간이었다고 생각합니다.

오쿠모리: 시부야역 주변 도시만들기는 철도뿐만 아니라 역 앞 광장이나 시부야강도 포함한 도시 인프라 재편을 민관 연계로 추진한 시대의 변화를 상징하는 프로젝트라고 하겠습니다. 도시 재생은 이미 행정기관이 주도하는 시대가 아닙니다. 어느 쪽이 공공이고 어느 쪽이 민간이라고 하는 선 긋기가 없어지고 서로가 한걸음씩 밟아 나아가며 진행되고 있었습니다.

요네야마: 개인의 생각과 조직의 생각은 또 다릅니다. 사용자가 '역의 환승이 어렵다'라고 느껴도 철도회사로서 자금을 투자해 역을 개량할 수 있을지 어떨지는 별도의 이야기가 됩니다. 한걸음 더 깊게 들어가 어떻게 합의할지에 달려 있지 않을까요.

카네유키: 최종적으로는 모두가 합의했다는 점이 대단하네요. 도시계획에는 기록되어 있지 않는, 심지어 다 늘어놓을 수도 없는 고난을 잘 이겨낸 후에 받은 선물이라고 생각합니다.

에리어 매니지먼트로부터 태어난 '시부야 모델'을 세계에 알리다

코와키: 옛날이라면 '20년에 걸쳐 계획한 후 20년에 걸쳐 실현하면 괜찮다'라는 정도였습니다. 그러나 시부야역 주변 계획에는 명확한 한계가 있었습니다. 세상에는 '그림의 떡' 같은 계획은 많이 있지만 시부야의 경우는 실제로 만드는 것이 목적이었기 때문입니다.

스도: 근본은 자연재해가 일어나도 '인명 피해 없는' 도시 기반을 만드는 것입니다. 행정기관도 철도회사도 모두가 최선을 다하지 않으면 안전 보장이 없다는 생각이 일치했기 때문에 진행될 수 있었다고 생각합니다.

카네유키: '지침2010'에서는 '에리어 매니지먼트'라는 키워드도 인상적이군요. 그 무렵부터 각 도시에서 '도시를 어떻게 운영해 나갈 것인가?'라는 화두로 논의가 시작되었다고 기억

하고 있습니다. 또 2016년의 '시부야역 주변 도시만들기 비전'에서는 '협주(協奏)'라는 이념이 만들어졌습니다.

스도: 대방침을 만들어 중기계획을 책정하는 기존 방식으로는 요즘처럼 빠른 사회의 변화에 대처할 수 없습니다. 저는 동일본 대지진을 계기로 사람이 어떻게 살아야 하는지를 진지하게 생각하게 되었습니다. 도시 재생도 그와 일맥 상통합니다. 우선 시부야의 역사나 지형 등 근본을 공유하는 것이 중요하고 '도시만들기 비전'은 논의를 하기 위한 가설이나 툴 같은 것이라고 생각합니다.

오쿠모리: 결과적으로 '시부야역 앞 에리어 매니지먼트협의회'나 '시부야 미래디자인'이 생겨 도시만들기 관계자가 늘어나고 있습니다.

스도: 철도회사들이나 지권자(땅의 소유권을 가진 사람), 행정기관이 관련된 협의회는 일본 전역을 봐도 상당히 특수합니다. 게다가 앞으로는 시부야 미래디자인이 정보 공유의 허브가 되지 않을까 생각합니다. 20년, 30년 앞을 내다보고 시부야라는 도시를 더 잘 유지해 나아가기 위해서는 젊은이가 주체가 되어야 합니다. 시부야 미래디자인이라는 조직은 어떻게 젊은이에게 도시만들기에 참여를 독려할까를 생각

하는 조직이라고 생각합니다. 그것은 행정기관만으로는 할 수 없습니다.

요네야마: 진정한 의미의 "도시만들기"네요. 공공시설이 증가하면 유지 관리에 따른 막대한 비용이 듭니다. 그렇기 때문에 에리어 매니지먼트가 필요한 것이고 앞으로의 활약을 더욱 기대합니다.

오쿠모리: 지금까지는 민관 협동으로 어떻게 만들 수 있을까를 생각했습니다만, 앞으로는 완성하고 나서 어떻게 관련해 갈지도 중요하군요. 다양한 사람이 모이는 에리어 매니지먼트 조직은 여러 가지 아이디어가 나오기 쉬운 장소임에는 틀림없으므로 잘 활용하는 것이 중요할 것 같습니다.

코와키: 개발 논의 중에서 '시부야는 포용성이 있다'라는 이야기도 자주 들었습니다. 지금까지의 경위를 보더라도 시부야는 새로운 도전을 하기 쉬운 장소인 것 같습니다.

요네야마: 시부야 개발은 '100년 계획'이라고 합니다만, 100년 후에는 지금 관련되어 있는 사람은 아무도 없고 미래는 어떻게 될지도 모릅니다. 그렇지만 행정기관 입장에서 말하자면 무슨 일이 일어날지 모르기 때문에 그 계획이 매우 중요합니다. 거기에 많은 다양한 의견이

모여 모두가 공유할 수 있으면 더할 나위 없이 좋겠습니다.

스도: 기술이 진보하면서 혜택이 늘어나는 반면, 잃어버리는 것도 있을 것입니다. 어떻게든 문화를 소멸시키지 않고 '사람은 왜 태어나, 어떻게 살아가는가?'라는 근본적인 의미를 중시하면서 도시가 발전했으면 합니다. 예를 들어 시계는 오래전부터 전자식이 일반적이 되었지만 최근에는 기계식의 가치도 재조명되고 있지요. 마찬가지로 양면을 보면서 도시만들기가 진행되어야 합니다.

코와키: 여러분과 이야기하며 느낀 것은 시부야 재개발은 그때의 시간에 사람과 사람이 부딪치거나 혹은 서로 이해하며 협동했다는 것입니다. 당연한 이야기지만 사람이 존재해야 그 장소가 도시로서 성립되는 것이지요. 솔직한 의견을 가지고 서로 납득할 때까지 토론하는 문화가 중요한 것 같습니다. '사람이 주역'이라는 것이 시부야의 가장 재미있는 개념인 것처럼 앞으로도 시부야가 그렇게 사람들 생각들이 모여 진화하는 도시로 남아주면 좋겠습니다.

오쿠모리: 역 주변 재개발이 끝나면 하루 동안 유동인구가 엄청나게 늘어날 것입니다. 새로운 사용자가 혁신을 일으키거나 전례 없는 역동성

을 만들 수도 있습니다. 그러한 확산이 바로 '시부야다움'의 구현이며 "시부야 모델"을 일본 혹은 세계에 알려나갈 것입니다. 재개발의 미래는 그런 큰 가능성이 있다고 생각합니다.

요네야마 준이치
시부야구 토목부 관리과장
1989년 시부야 구청 입사. 토목부에서는 공원이나 도로 등의 설계·관리 등의 업무에 종사. 2000년에 도시 정비부에 배속. 시부야역 주변 정비 사업이나 구내 대규모 개발 사업, 도시 계획 도로 사업 등 11년간 지역의 시점에서 사업자간 조정에 종사. 2016~2019년 토목부 도로과장. 2020년 ~ 토목부 관리과장.

스도 켄로
일반사단법인 시부야 미래디자인 컨설턴트
시부야구 토목부에서 도로 공간의 재배분에 의한 보행자 공간 정비, 교량·공원의 계획·설계·관리 담당. 도시정비부에서는 지역 지역만들기, 시부야역 주변 정비에 관련된 도시계획, 도시만들기 지침 책정, 경관조정조직·지역관리조직 조성 등에 종사. 2017년 시부야 미래 디자인 준비 실장. 2018~2019년 시부야 미래디자인 사무국장.

코와키 리츠지
퍼시픽 컨설팅/시부야 이그제큐티브 PM
10세에 고향 역의 역전 광장에 호기심을 느껴 1983년 와세다 대학 이공학부 토목공학과 졸업. 입사 후 1988년경부터 대규모 개발의 교통 계획 업무, 철도역 주변의 교통 결절점이나 도시만들기 업무에 종사. 1990년에 도큐전원 도시선·후타코타마가와역 주변 개발, 1997년에 시부야역 주변 개발에 종사하면서 관련된 사람들과 만나 지금에 이르렀다

오쿠모리 키요요시 프로필은 045쪽에
카네유키 미카 프로필은 059쪽에

시부야마크시티와 국도 246호 사이에서 수많은 상점과 음식점이 즐비한 시부야 중앙거리. 이 지역이 안고 있던 과제는 도로 환경 정비다. 시부야 중앙거리 전 이사장 사카이리 마사, 같은 지역 재개발 사업 컨설팅을 담당한 카게야마 히로시, 시부야후쿠라스 사업 협력자인 도큐부동산 나가하타 아츠시, 지역협의회 운영을 뒷받침한 니켄세케이 시노즈카 유이치로와 후지와라 켄야가 말하는 재개발과 지역상가 연계 그리고 시부야역 서쪽 지역의 미래.

SHIBUYA

COMMUNITY

TALK-04

지역과 재개발이
깊게 연계된 도시만들기

상점가와 개발자가 거듭 협의하며 서로 신뢰 관계 구축

사카이리: 중앙거리는 '시부야 역 앞 상가'라는 명칭이던 시대부터 약 60년 역사가 있습니다. 그 사이에는 몇 번이고 개발 이야기가 있었습니다. '지하도를 만든다', '서쪽 출구 광장에 공중 회랑을 만든다'라는 등의 구상도 있었습니다. 도시가 변모한다고 하니 당연히 지역 전체가 떠들썩해지기도 했지요.

시노즈카: 개발 구상은 지역 주민에게도 큰 파장을 일으켰었군요.

사카이리: 제가 중앙거리 이사장이 되었을 때 '서쪽 출구 개발계획이 진행되고 있는 것 같다'라는 소문을 들었습니다. 시부야가 지금 그대로의 상태로 좋을 리는 없다고 생각했지만 개발 주체는 사업자이기 때문에 구체적으로 행동하기는 어려운 일이지요. 그럼에도 지역 주민 나름의 생각을 정리할 필요가 있어 보여 도시 만들기 전문가인 카게야마 씨와 상담했습니다.

카게야마: 그러고 보니 사카이리 씨는 언제 중앙거리 이사가 되셨습니까?

사카이리: 28세 때였습니다.

카게야마: 그러면 이미 40년 정도 중앙거리에 관여하고 계시군요. 제가 처음 의뢰를 받은 것은 2006년경입니다. 당초는 지역 주민들이 꽤 신중한 자세였습니다. 전임 이사장이 지역조정협의회에서 설명을 들었는데 그때 받은 자료는 관공서에 제출 서류처럼 상당히 정형화된 것이었습니다. 아마추어는 파악이 힘들어 어드바이저가 필요했기 때문에 제가 시부야 개발에 참여하게 되었습니다.

후지와라: 카케야마 씨도 상당히 이전부터 프로젝트에 관여하고 계셨군요.

카게야마: 그렇죠. 사카이리 씨에게 '이런 이야기가 있는데 해설해 주었으면 한다'라며 도큐부동산 재개발 자료를 보여주셨고, 지역 주민 몇 분이 모여 검토회를 시작했습니다. 자료에 있는 숫자의 근거까지는 알 수 없기 때문에 사업자에게 직접 설명을 듣기 위해 지역 주민이 조직한 것이 '재개발검토회'였습니다. 그것이 후에 도겐자카 1초메 역 앞 지구, 즉 '시부야후쿠

광장과 주변 개발은 도시가 살 것인지 죽을 것인지를 결정해

사카이리 마사
시부야중앙거리

라스 재개발 준비조합'으로 이행해 갑니다.

사카이리: 중앙거리에서도 검토회나 도심 걷기 이벤트를 몇 번이나 개최했고 거기서 나온 과제가 도로 환경 정비였습니다. 또, 개발 전에 중앙거리 도시 재생 룰을 정비하는 것으로 어떻게 하면 지역이 더욱 활성화될지 토론을 시작했습니다.

카게야마: 그 토론이 아주 좋았다고 생각합니다. 불법주차, 불법간판, 노상 호객 행위를 단속해 도심 환경을 개선하자는 구체적인 목표를 만들 수 있었습니다.

후지와라: 개발을 계기로 지역 전체 환경이 개선되는 좋은 일화군요.

나가하타: 제가 개발에 관련되기 시작한 것은 2010년경입니다. 도큐부동산에서 이 지역은 오랫동안 도큐플라자 시부야를 운영했을 뿐만

아니라, 과거 본사가 있어 '도큐의 고향' 같은 장소라고 하겠습니다. 그 재건축을 검토하는 가운데 재개발계획이 생겨난 것입니다. 그러나 막상 현지에 나와 보니 어려운 문제를 여럿 안고 있어 놀랐습니다.

카게야마: 그보다 더 이전 담당자들은 더 고생했지 않을까 생각합니다.

나가하타: 물론 동감입니다. 도큐가 시부야에 정착한 지 50년 전부터 계속되는 역사가 있지만, 도시에서는 존재감이 전혀 없고 지역 주민과는 경계심이 가득한 관계였습니다. 거기에서 시작해 조금씩 협력을 거듭해 어느새 도시 재생을 함께 논의하는 관계로 발전했습니다. 특히 지난 10년간 지역 주민들이 '같은 지역의 구성원'으로 맞이해주고 있다고 느낍니다.

후지와라: 지역과의 관계를 구축하기 위해 구체적으로 어떤 행동을 하셨습니까?

나가하타: 처음에는 매년 9월에 개최되는 금왕하치만구 지역 행사에 참가했습니다. 솔직히 무엇을 해야 할지 전혀 몰라 우선 참가하는 것에 의의를 뒀습니다.

시노즈카: 그때 지역 주민에게 혼났었죠(웃음).

카게야마 히로시
타운 플래닝
파트너

SHIBUYA PEOPLE

사람과 사람 사이에
들어가 조정해 나가는 것이
지역만들기의 묘미

나가하타: 네 많이 혼났죠. 그도 그럴 것이 저희가 정장 차림으로 참가한 것을 보고 "그런 옷차림으로 가마를 멜 수나 있겠나!"라고 핀잔을 주었죠. 그때부터 팔을 걷어붙이고 지역 축제나 행사를 거들었습니다.

사카이리: 청년회 젊은이들과 소통하는 것만으로도 상당한 진전이라고 생각해요. 속에 담아둔 여러 가지 이야기도 서로 할 수 있었으니까요.

후지와라: 이런 큰 프로젝트로 사업자가 지역 주민과 함께 축제에 참가한다는 이야기는 그다지 들어보지 못했습니다.

사카이리: 한때는 도큐플라자 입구에 지역 축제의 상징인 가마를 보관하게 해주셨죠. 그래서 재건축할 때도 시부야후쿠라스 버스 터미널 안에 둘 수 없는지 등 여러 의견이 나왔습니다 (웃음). 그런 서로의 배려가 오가면서 서서히 개발자와 지역 주민 간의 벽이 없어진 것 같습니다. 지금도 도큐플라자 지배인이 한밤에 지역 순찰을 일상처럼 해 줄 정도로 지역을 생각합니다.

카케야마: 도시 재생을 진행할 때는 물론 지도부의 토론과 합의도 중요하지만 여러 계층에서 협력관계의 형성이 이루어지는 것이 중요합니다. 저 개인적으로도 사람과 사람 사이에 들어가 조정하는 것이 묘미라고 생각합니다.

서쪽 출구의 새로운 아이콘, 시부야후쿠라스와 관광 지원 시설

시노즈카: 제가 이 개발에 본격적으로 관여하게 된 것은 2010년경이었습니다. 개발 검토와 논의 속에서 버스 터미널이나 보행자 동선, 주차장을 어떻게 할지에 대한 이야기가 시작되고 중앙거리로부터 '화물반출입장'이 된 도로 환경을 개선하고 싶다는 의뢰를 받았습니다.

사카이리: 처음 시노즈카 씨를 만났을 때 도로 규제에 굉장히 해박한 전문가라고 느꼈습니다.

카게야마: 그렇죠. 뭐든지 해결책을 찾아주니까요.

시노즈카: 그랬습니까(웃음). 그 후 도시재생특별지구 제도를 활용하는 가운데 공공 공헌으로서 '누구라도 이용할 수 있는 공동 화물 반출입

091

시스템을 만들자'라는 제안을 정리해 갔습니다. 게다가 사업 구역 밖의 도로도 포함해 환경을 개선하면 사람들에 의해 활력 넘치는 도시로 만들 수 있지 않을까 생각했습니다.

후지와라: 버스 터미널이 정비되거나 국도 위 데크가 교체되거나 중앙거리 메인 스트리트인 플라자 거리가 정비되어 공공장소가 새로운 모습으로 바뀌면서 지역 전체에 어떤 영향이 있었습니까?

사카이리: 우선 새롭게 관광 지원 시설이 생긴 것으로 외국인 여행자가 많이 늘었습니다.

나가하타: 시부야후쿠라스 1층에 공공 공헌으로서 정비된 'shibuya-san'이라는 관광 지원 시설 직원은 대부분이 외국인입니다. 그들이 시부야를 돌아보고 재미있다고 생각한 곳을 소개한다는 개념입니다. 선술집, 클럽 등 가이드북에는 없는 정보를 얻을 수 있는 독특한 장소입니다.

카게야마: 재미있는 시설이군요.

나가하타: 개발자 시선으로 이야기하자면 10년 후에 반드시 이 지역이 더욱 글로벌하게 바뀔 것이라고 생각합니다. 현재는 외국인 관광객도 음식점 규칙을 모르고 음식점 측도 대응이 완벽하다고는 할 수 없습니다. 그럼에도 많은 사람이 방문하기 때문이죠.

카게야마: 예를 들면 좌석료를 내는 요금 시스템이 필요할지도 모르고 선술집도 늘어날지도 모르겠네요.

나가하타: 어쨌든 큰 개발이 있던 주변에는 반드시 변화가 일어납니다. shibuya-san도 이 지역의 긍정적인 변화를 위해 조금이라도 기여할 것으로 생각합니다.

공동화물반출입시스템 'ESSA'라는 획기적인 시설 탄생

후지와라: 2020년 1월 시부야후쿠라스 지하에 'ESSA'라는 공동화물반출입시스템이 생겼는데요, 완성에 이르기까지 어떤 논의와 조정이 있었습니까?

사카이리: 여러 과정 중에 결정적인 것은 '지역조정협의회'가 설립된

나가바타 아츠시
도큐부동산

SHIBUYA PEOPLE

지역 만들기의 시작은 지역 축제에서 가마를 메는 것부터

일이죠. 이런 방침이 진행되고 최종적으로는 '이러한 규칙에 의해 유지됩니다'라고 철저히 홍보하고 주의 환기했던 것은 중요했습니다.

시노즈카: 지역, 개발사업자, 행정기관이 처음으로 한자리에 모인 것은 2012년 중반의 제1회 검토회였습니다. 물론 개발 지구가 도시계획을 제안함에 조직으로서 제대로 임한다는 의사 표시 의미도 있었습니다. 건물을 만드는 것으로 끝내지 않고 완성 이후 유지 관리하기 위한 체제 만들기 등을 신중히 생각하고 논의하는 자리이기도 했습니다. 2016년 개발 착공 이후 '협의회'로 격상해 지금도 1년에 3~4회 개최합니다.

카게야마: 모든 것을 투명하게 공개하는 것으로 행정기관으로부터 신뢰도 얻었습니다. 뭔가 문제가 생겼을 때에도 '그때 이런 방침을 결정했지요'라고 되돌아보고 확인하는 기능도 중요했습니다.

나가하타: 운영체제도 좋았지요. 중앙거리가 앞장서서 시부야구나 시부야 경찰서 등 행정기관에서도 적극적으로 참가했습니다. 저희 사업자가 선두에서 깃발을 흔들어도 지역 주민과 행정기관의 협력이 없으면 아무것도 할 수 없습니다. 실제로 건축을 정비하는 것보다 운영

하는 것이 훨씬 힘들기 때문입니다.

시노즈카: 중앙거리 같이 크고 작은 빌딩이 모이는 상점가에서는 노면에 점포가 늘어 좋은 의미로 들쑥날쑥, 오밀조밀해 매력적인 장소가 되는 경우도 있습니다. 다만 상품이나 자재 반입이 필요하고 도시의 매력을 헤치지 않기 위해 반출입 차량의 이용에 일정한 규칙을 만드는 것이 필요합니다.

사카이리: 점포 앞에서 짐을 반입할 수 없게 되거나 간판을 둘 수 없게 되거나 개별 상점에서는 불편하게 느낄 수도 있습니다. 하지만 결과적으로 도시 전체의 보행 환경이 좋아져 많은 손님들이 발걸음을 하게 됩니다.

후지와라: 실제로 개발 이전보다 서쪽 출구 일대가 걷기 쉬워졌다고 느끼십니까?

사카이리: 네, 개발 이전과 전혀 달라졌습니다. 보도와 차도의 단차도 없어졌고 길도 넓어지고 개발 전보다 화물 반출입 차량의 대수도

현저히 줄었습니다.

시노즈카: 개통할 때에 화물차 단속 기간을 마련해 순찰을 실시하고 나서 한층 더 줄어들었지요.

나가하타: 절반쯤 줄어든 것으로 체감합니다.

사카이리: 그와 더불어 야간 호객 행위 방지를 위한 순찰도 횟수를 더해 이제는 120회 이상 될 겁니다.

나가하타: 중앙거리와 시부야구, 시부야경찰서, 도큐부동산 등이 그 활동에 참가하고 있습니다.

카게야마: 민관 협동으로 하는 것이 중요한 것 같습니다.

사카이리: 지역의 기업을 비롯해 많을 때는 30명쯤 참가해 꽤 큰 조직 활동이 되었습니다. 덕분에 상점가는 환경 미화 규칙이 엄격하다는 인식이 생겨 불법 간판이 자율적으로 철거되고 환경이 정화되고 있습니다.

시노즈카: 역시 지역 주민 스스로가 도시 재생의 중심에 있기 때문에 행정기관도 적극적으로 협력할 수 있겠지요. 도로에 간판이나 상품을 마음대로 내어두는 것은 일본 상점가 어디에라도 있는 현상입니다. 그렇기 때문에 지역 주민의 자발적인 의식 변화가 없으면 좀처럼 해결

되지 않습니다.

카게야마: 화물 반출입 업무에 종사하는 분들에게는 미움 받는 거리가 되었을지도 모릅니다 (웃음).

나가하타: ESSA의 가동 상황을 보면 앞으로도 꾸준한 활동이 필요해 보입니다. 순찰 활동을 통해 많이 느낍니다만, 제대로 된 계획을 만들고 그것을 실행하기 위해 서로가 손을 맞잡고 땀을 흘리는 것이죠.

지속해서 변화하는 서쪽 지역 과제

나가하타: 국도 246호 횡단 데크로 접근이 쉬워져 아침저녁 출퇴근 시간대를 중심으로 시부야마크시티에서 국도 246호로 빠지는 플라자 거리의 유동인구가 많아졌습니다.

후지와라: 시부야마크시티 쪽의 오르막길로 향하는 사람의 흐름도 늘었지요.

카게야마: 도큐가 재건축된 것도 한몫을 하지 않습니까?

나가하타: 얼마나 공헌하는지는 모르겠습니다. 하지만 중앙거리의 입구가 있는 중앙거리가 인도와 차도의 단차 해소, 도로 폭 확충 등

으로 약 10미터 폭의 효과적인 보행자 중심 거리로 정비된 것이 크게 공헌했다고 생각합니다.

카게야마: 시부야역 프로젝트가 최종 단계를 맞이하는 몇 년 후에는 정말로 걷기 쉬운 도시가 되겠지요.

후지와라: 서쪽 출구는 앞으로도 기반 시설 정비가 될 것이고 그에 따라 사람들의 흐름도 한층 더 바뀔 것입니다.

사카이리: 개인적으로는 서쪽 출구 광장은 계획이 시작되고 시간이 꽤 지났기 때문에 이전보다 더 빠르게 진행될 필요가 있다고 생각합니다.

나가하타: 솔직한 감상을 말하면 현시점 시부야는 개발이 선행되어 진행된 동쪽 출구로 중심이 옮겨간다고 느낍니다. 도쿄메트로 긴자선이 동쪽으로 이동하고 동쪽 출구에 지하 광장이 생겨 시부야스크램블스퀘어 제1기(동관)가 완성되었습니다.

카게야마: 동쪽 출구에는 시부야히카리에도 있습니다.

나가하타: 이런 사실을 서쪽의 지역 주민과 개발 구성원들이 진지하게 생각해야 합니다. 특히 저는 도시의 발전 없이 도큐플라자의 발전은 없다고 회사 선배들에게 배웠기 때문에 더욱 강하게 느낍니다.

사카이리: 앞으로 남쪽 시부야역 사쿠라가오카 지구도 큰 개발을 앞두고 있으며 도겐자카와 미야마스자카를 연결하는 오야마거리의 정비도 진행될 것입니다. 그런 의미에서도 서쪽 출구 광장은 시부야 서쪽이 활성화될지 쇠락할지 결정되는 큰 주제가 된다고 생각합니다.

시노즈카: 그만큼 서쪽 출구 광장에 대한 기대치가 높다고도 할 수 있지요.

사카이리: 우리로서는 광장 출구가 어떠한 형태로 중앙거리에 연결되는지가 중요합니다.

카케야마: 개발 순서를 생각하면 곧바로 실현할 수 없는 사정도 있는 곳이어서 서쪽 과제는 가설 동선을 얼마나 '사람 우선'으로 유지할지가 중요하다고 생각합니다. 결국 버스 터미널이 되는 서쪽 출구 광장을 어떻게 사용할지를 결정하고 토론하는 것이 필요합니다.

SHIBUYA PEOPLE

개발로 사람의 흐름이
바뀌고 거리가 발전해

후지와라 켄야
니켄세케이

SHIBUYA × COMMUNITY

후지와라: 시부야후쿠라스는 어반코어가 정비되었고 공동화물반출입시스템 정비로 중앙거리는 보행자 중심의 도시로 바뀌었습니다. 앞으로 개발로 인해 서쪽 출구역 앞 광장과 중앙거리를 오가는 사람의 흐름이 어떻게 바뀔지, 중앙거리가 어떻게 더 발전하는지 주목하고 있습니다.

시노즈카: 도큐백화점 토요코점이 철거되면 또 환경도 바뀔 것이고 역을 중심으로 데크 레벨로 오가는 많은 사람들의 모습이 주변에서도 보일 것입니다. 분명 시부야의 새로운 풍경이 될 것입니다.

사카이리 마스
시부야 중앙거리 전 이사장
시부야에서 태어나 자라 오랜 세월 음식점 경영을 하면서 2006년부터 상가 활동에 참여.도겐자카 1초메역 앞 지구의 당초 검토 지역에서는 재개발 준비 조합의 이사장도 맡았다. 2016년에 시부야 중앙거리의 이사장에 취임해, 상가 활동과 함께 행정 등에 압력이나 현지의 정리역할으로서 활동. 이사장 퇴임 후, 현재도 시부야를 거점으로 음식점 경영.

카게야마 히로
타운플래닝파트너 대표이사
1958년 오카야마현 출생. 지방 재개발·도시만들기 컨설턴트를 거쳐 1998년 독립. 2005년부터 시부야 3초메(이후의 도시만들기 추진 협의회), 시부야 중앙거리의 도시만들기 어드바이저를 계기로 시부야에 관련된다. 도겐자카 1초메역 앞 지구 시가지 재개발 사업, 진구마에 6초메 지구 재개발 사업 및 도겐자카 1초메 지구, 시부야 3초메 지구·공원 거리·우다가와 주변 지구의 지구 계획 책정 등에 종사.

나가바타 아츠시
도큐부동산 시부야 프로젝트 추진 제1부 총괄 부장
맨션의 판매·기획·개발, 오피스 리싱을 거쳐, 시부야역 중심 지구의 대형 복합 재개발 사업에 12년간 종사. 현재 진행 중인 재개발을 추진하는 것과 동시에 광역시부야권을 중심으로 매력 있는 지역 만들기에 임하고 있다.

시노즈카 유이치로
니켄세케이 도시 부문 디렉터
건설 컨설턴트에서 행정도시조성계획 책정이나 시가지 재개발 사업의 계획입안, 행정협의 등에 종사한 후 2008년 니켄세케이에 입사.국내외의 철도역을 포함한 복합 도시 개발 사업의 기반 계획 등을 중심으로 시부야역이나 유라쿠초역, 시모키타자와역 등의 국내 프로젝트외, 중국 주요 도시의 TOD 프로젝트등에 관여해 현재에 이른다.

후지와라 켄야
니켄세케이 도시부문 재개발계획부 어소시에이트
2009년 오사카 대학 대학원을 수료한 후, 니켄세케이 입사. 입사 후에는 복합도시개발사업의 도시계획 컨설팅에 종사.그 후, 칸사이나 큐슈 지역의 도시 계획 컨설팅 등에 종사한다. 최근에는 도심부의 TOD(역-도시 일체개발) 프로젝트를 비롯해 시가지 재개발 사업의 컨설팅이나 퍼블릭 스페이스 활용 검토 등 폭넓게 활동.

COLUMN 01

지역 커뮤니티와 개발이 유기적으로 연결

시부야역 남서쪽 지역 도시 재생

지난 몇 년간 역 중심 지구를 비롯해 속속 재개발이 완성되어 가는 시부야. 역 앞에 국도 246호를 사이에 둔 시부야역 사쿠라가오카에서도 역 주변의 활기를 다이칸야마·에비스 쪽으로 넓히기 위해 개발이 여러 개 진행되고 있다. 개발 핵심 인물인 도큐부동산 집행임원 사메지마 야스히로 씨에게 남서쪽 지역 도시 재생에 대한 생각을 들었다.

다이칸야마를 광역 시부야권으로 자리매김하는 '면적[面的] 도시 재생'

코로나19 유행으로 리모트 워크(일하는 장소를 직원이 정하는 시스템)가 가속화되고 일 방식이나 오피스의 역할이 재조명되고 있다. 지금의 이런 현상을 '위기가 아닌 기회라고 생각한다'라고 사메지마 씨가 말한다. "예를 들어 여러 기업으로부터 직원의 공유 오피스 이용을 단일화했으면 하는 요구를 받았습니다. 앞으로는 교외형 위성 오피스, 도심의 비즈니스형 공유 오피스, 혹은 워케이션 등을 패키지화하는 것이 필수 요소가 될 것입니다."

게다가 코로나가 가져온 불경기는 당연하게 사무

실뿐만 아니라 경제에도 큰 영향을 미치고 있다. 단지 상업시설을 만들고 테넌트(tenant, 상가나 지역의 핵심 점포)를 유치하는 등의 방식은 사실상 한계를 맞이하고 있다.

"차세대형 상업시설은 역시 '물질 소비'에서 '체험 소비'로 변화될 것입니다. 예를 들어 대기업의 전국 유통망에 더해 소규모의 크리에이터를 모아 수시로 교체해 가는 것으로 엔터테인먼트를 추구하는 것처럼 우리도 단순한 장소 대여를 넘는 새로운 방식을 모색하고 있습니다."

시부야역 사쿠라가오카지구(이하 사쿠라가오카지구)의 재개발에서도 오피스나 주택 외에 차세대형 상업 시설 도입이 검토되고 있으며 이후 시부야 후쿠라스 내의 도큐플라자시부야 등에도 적용해 가고 싶다고 한다.

또한 시부야역 남서부에는 도큐부동산이 계획을 진행하는 '넥스트 시부야사쿠라가오카'외 시부야 후쿠라스 안쪽에 펼쳐지는 시부야역 서쪽 지역이 존재한다. 지금부터 10년 전쯤 도큐부동산 사내에서 만든 시부야 미래 모습 중에는 시부야에서 오모테산도, 시부야역 서쪽 지역을 포함한 대규모 도심 회유동선이나, 시부야강을 따라 녹색길

정비 등이 있었다. 게다가 시부야역 주변을 보행자 천국으로 하고 기동성 높은 소형 모빌리티를 도입하는 아이디어도 있었다고 한다.

"현시점에서는 아직 실현에 이르지 못한 것이 많습니다만, 어렵다고 생각했던 것을 포기하지 않고 지속해서 실현되는 사례도 있습니다. 저희도 민간의 힘만으로는 실현이 어려운 경우, 상위 계획이나 다양한 정책 논의 장소에서 제안하는 등 지속적으로 도전하고 있습니다."

예를 들면 사쿠라가오카지구의 재개발에서는 인접하는 다이칸야마 지역을 광역 시부야권의 일부로 자리매김하고 지역과 연계한 도시 만들기를 계획하고 있다.

"중요한 것은 주택·오피스·상업이라는 용도의 경계를 없애는 것, 그리고 인접 지역을 연계하는 것입니다. 시부야에 가게를 내고 싶어 하는 테넌트가 늘어나고 있기 때문에 다이칸야마를 직주근접의 쾌적한 에리어로 설정하고자 합니다. 저희

주택·사무실·상업이라는
경계를 없애다

사메지마 야스히로
도큐부동산

사쿠라가오카출구지구 프로젝트의 이미지 투시도. 중·고층부에 하이그레이드 오피스, 저층부에 거리의 붐을 창출하는 상업시설, 주택동 등을 계획.주변 지구와 연계해 어반 코어(아래 왼쪽)나 보행자 데크(아래 오른쪽) 정비도 실시한다.

가 운영할 다이칸야마의 임대레지던스에서는 사쿠라가오카지구에 앞서, 주민과 테넌트를 연계할 예정입니다." 다이칸야마, 에비스, 아오야마, 오모테산도 등 광역 시부야권은 물론, 나아가 미래의 워케이션을 염두에 교외도 포함해 유기적인 연결을 만드는 것. 시부야를 기점으로 한 면적(面的) 도시 만들기가 이상적이다.

테크놀로지로 새로운 일상을 만드는 스마트시티 커뮤니티

광역 도시만들기는 세밀한 서비스가 집약된 제한된 지역을 만들어 내는 것이 중요하다. 그리고 개발로 생긴 새로운 사람의 흐름 속에서 더욱 재미

있는 움직임이 만들어진다고 사메지마가 말한다. "개발이 계속 진행되는 시부야, 하라주쿠, 메이지도리 주변 등에는 사람이 늘어나고 있고 그러한 사람들을 상대로 다양한 점포들이 생겨납니다. 재미있는 일이 일어나는 도시로 개발을 확장해야 합니다. 그리고 미래를 대비해 개발하는 지역 내에서는 새로운 모빌리티나 AR(증강현실) 기술의 활용 등도 사람들의 시야에 들어올 수 있게 해야 합니다."
말 그대로 도큐부동산은 시부야 개발을 비롯해 도시 전체의 스마트시티화를 목표로 한다. 현재 다양한 기업이 이 분야에 진출하고 있지만, 하향식에 따른 스마트시티 만들기는 상당히 어렵다.

COLUMN 01 | 시부야역 남서쪽 지역의 지역만들기

도시에 스마트시티가 침투하려면 우선 이용자(주민) 스스로 참가하고 싶어 하는 구성을 만드는 것, 즉 상향식 실행 시스템이 필요하다.

"스마트시티의 본질은 커뮤니티 만들기라고 생각합니다. 예를 들어 축제와 주민회 등의 이벤트는 커뮤니티 만들기에 매우 중요합니다. 이러한 일상적인 것을 테크놀로지로 실현하고 싶습니다. 어디까지나 사람이 중심이라는 생각으로 주민이나 방문객의 쾌적한 생활을 실현하는 미래 비전을 공유하고 시장 기대치를 얻은 후에 다양한 데이터를 활용해 나아갑니다. 그런 축적된 활동이 스마트시티를 완성할 수 있다고 생각합니다."

현재 사쿠라가오카지구에서는 지역 주민이 활용할 수 있는 공공 공간만들기와 함께 그러한 공간을 살린 라이브 퍼포먼스, 마켓 같은 이벤트를 검토하고 있으며 그 안에 테크놀로지를 어떻게 적용할지 논의를 거듭하고 있다.

'도시만들기'라고 하면 건물 저층부에 주목하기 쉽지만 남서쪽 지역이 목표로 하는 것은 고층 빌딩에 위치한 오피스나 상업시설을 포함한 지역 전체가 '하나의 커뮤니티'가 되는 것이다. "상업시설은 지금까지 매력적인 테넌트를 유치하고 그것을 사려는 사람들을 끌어 모으는 방식이었습니다. 그렇지만 차세대형 상업시설은 사람의 흐름이 있는 곳에 상업시설을 만드는 것이 중요합니

벚꽃 명소로도 사랑받는 이 지역. 국도 246호에 의한 남북 분단을 해소하고 역세권의 붐을 다이칸야마와 에비스로 연결하는 새로운 관문으로 기대된다.

다. 특별한 목적이 없어도 그 지역이 재미있기 때문에 사람들이 모여드는 현상을 조금씩 늘려 가는 것입니다. 퍼블릭 스페이스를 포함해 도시 전체로서 활기를 만들고 그 안에 상업시설이 생겨나는 흐름을 만들고 싶습니다."

일상적인 것이 테크놀로지에 의해 업그레이드되고 사는 사람, 일하는 사람, 방문하는 사람이 함께 도시 활력을 만든다. 지금 바로 시작되고 있는 시부야역 남서쪽 지역의 새로운 도시 재생에 주목하고 싶다.

Chapter-3 제3장

시부야와 퍼블릭 스페이스
SHIBUYA × PUBLIC SPACE

재개발의 중요한 테마 중 하나는 시부야에서 생겨난 도시 문화 재구축이다. 그 실현에서 큰 역할을 한 것은 공원, 광장, 지하나 옥상 공간 등 도시 안에 존재하는 크고 작은 다양한 퍼블릭 스페이스. 시부야 리버스트리트(강변길), MIYASHITA PARK, 시부야파르코 등 사례에서 보이는 새로운 퍼블릭 스페이스의 형태에 대해 알아보자.

시부야 재개발에서는 새로운 시부야를 상징하는 다양한 퍼블릭 스페이스가 탄생하고 있다. 각 가구에 마련된 어반코어는 물론 지상 약 230m 상공에 있는 시부야스크램블스퀘어 전망 시설 'SHIBUYA SKY', 관광 안내 기능이 있는 업라이트 카페를 병설한 '시부야역 동쪽 출구 지하 광장', 더욱이 긴자선 플랫폼 상공에 만들어진 도시를 동서로 연결하는 '시부야히카리에 데크'.

그러나 시부야 개발로 생겨난 퍼블릭 스페이스는 이러한 공간뿐이 아니다. 원래 시부야는 중앙거리나 코엔거리, 스페인언덕에 파이어거리 등 각각 다른 문화를 지닌 거리에 의해 문화가 만들어져 왔다. 또한 만남이나 이벤트 등 많은 사람들로 활기로 가득 찬 시부야역 하치코광장이나 SHIBUYA109 앞의 이벤트 스페이스 등 넓은 의미로 퍼블릭 스페이스를 활용해 온 역사가 있다. 최근에는 행정기관에 의해 '시부야 어디에서나 운동장 프로젝트'가 기획되는 등 공원은 물론 도로 공간이나 상가, 상가와 상가 사이 거리 등 도시의 퍼블릭 스페이스가 늘어

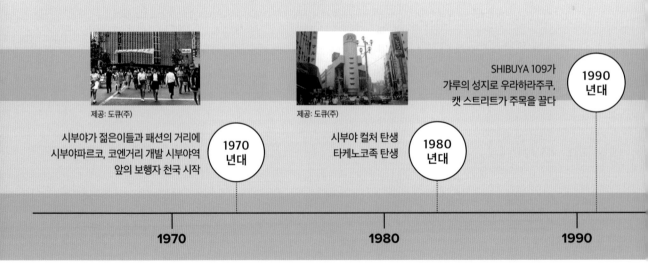

Shibuya × Public Space Chronology

제공: 도큐(주)

시부야가 젊은이들과 패션의 거리에
시부야파르코, 코엔거리 개발 시부야역
앞의 보행자 천국 시작

1970년대

제공: 도큐(주)

시부야 컬처 탄생
타케노코족 탄생

1980년대

SHIBUYA 109가
갸루의 성지로 우라하라주쿠,
캣 스트리트가 주목을 끌다

1990년대

1970   1980   1990

나고 있다.

일본 퍼블릭 스페이스 상황을 알아보고자 한다. 한때 일본 퍼블릭 스페이스는 유럽과 미국의 '광장' 개념을 기반으로 정비되어 왔다. 고도경제성장기는 니시신주쿠로 대표되는 도로와 대규모 공지(광장), 그 속에 초고층 빌딩이 자리 잡은 공간 구성이 주류였다. 이를 바탕으로 법 제도 틀이 정리되어 건물과 퍼블릭 스페이스는 개별적인 존재로서 각각의 질을 높여왔다.

해외로 눈을 돌리면 1990년대 이후 뉴욕에서는 주변 기업과 이벤트와 수익에 의해 재생된 '브라이언트 파크', 폐선 철도를 활용한 '하이라인' 등 새로운 퍼블릭 스페이스 방식이 논의되어 다양한 성공 사례가 탄생하고 있다.

일본에서도 2000년대에 들어가면서 롯폰기 힐즈, 도쿄 미드타운 '그린&파크' 등 공공과 민간이 다각적으로 참여하는 형태의 대규모 사례가 등장했다. 퍼블릭 스페이스는 언제부턴가 지역의 가치를 크게 좌우하는 잠재력을 가지게 되었다.

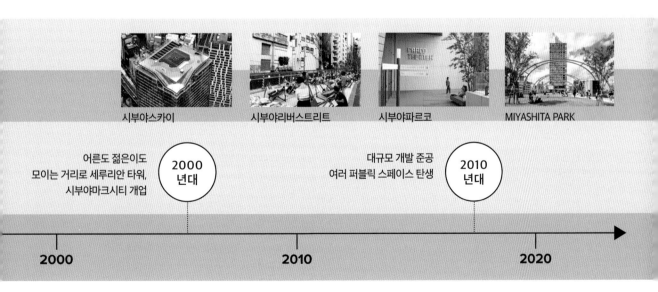

시부야스카이   시부야리버스트리트   시부야파르코   MIYASHITA PARK

어른도 젊은이도 모이는 거리로 세루리안 타워, 시부야마크시티 개업   **2000년대**

대규모 개발 준공 여러 퍼블릭 스페이스 탄생   **2010년대**

2000   2010   2020

일하는 곳이 오피스 빌딩뿐만 아니라 집이나 공유오피스, 카페 등으로 확대되는 것처럼 퍼블릭 스페이스도 도시에 열린 것으로 더욱 바뀌고 있다.

더욱이 코로나19 유행이 이런 변화를 가속화했다. 지금까지 낭비되던 '자투리 공간'이 가치를 가지는 것은 바로 사회의 성숙 자체라고 할 수 있다.

또 현재 도로와 하천, 공원 같은 퍼블릭 스페이스는 행정기관의 힘뿐만 아니라 민간 자본도 사용하면서 정비하는 것으로 변화하고 있다. 그런 흐름에 맞춰 퍼블릭 스페이스를 만들고 난 후 어떻게 사용할지, 유지 관리 측면도 중시되기 시작했다.

시부야강을 따라 폐선 철도를 이용해 개발한 '일본판 하이라인'

시부야에 새롭게 생겨난 퍼블릭 스페이스 중 공유지를 대대적으로 재편하고 있다는 의미에서 특징적인 프로젝트는 시부야스트림 개발로 진행된 민관 제휴로 재생된 시부야강과 시부야구립 미야시타공원일 것이다.

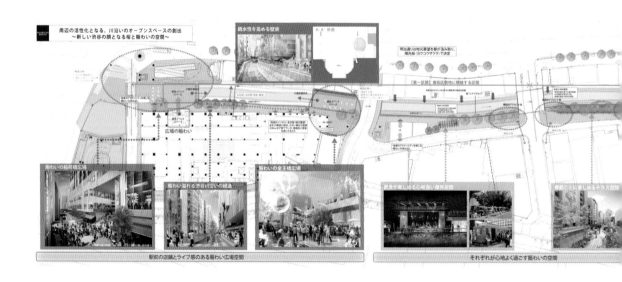

2018년에 개업한 시부야스트림은 옛 토요코선 시부야역의 플랫폼과 선로 철거지 등을 대상으로 한 재개발 프로젝트이고 그 도시계획에 관련된 공공 공헌의 큰 주제가 부지를 따라서 흐르던 시부야강 재생이었다. 생활용수나 농업용수로서 사용되어 동요 '봄날의 시냇가'의 모델이 되는 등 지역 사람들에게 사랑받았던 시부야강은 도시화에 따라 건물이 강변까지 밀집해 수량이 줄어들고 수질도 악화되었다. 시부야강 재생과 시부야스트림 완성과 함께 개통한 복합 시설 '시부야브리지'로 이어지는 약 600미터

직사각형 터에 이나리바시 광장, 콘노바시 광장이라는 퍼블릭 스페이스 두 개를 갖춘 산책로를 정비했다. 길가에는 도큐도요코선 기억을 남기기 위해 철도의 흔적을 이용한 랜드스케이프 디자인이 있다.

강변 공간은 '시부야 리버스트리트'라고 명명되어 점심시간에는 푸드트럭이 출점하고, 마르셰(장터)나 음악 라이브, 지역 축제 등 다양한 이벤트가 개최된다. 옛 토요코선 시부야역의 플랫폼, 선로 등을 개발한 '일본판 하이라인(High Line)'이라고도 할 수 있는 이공간은 부지의 내외가 일체적으로 연속

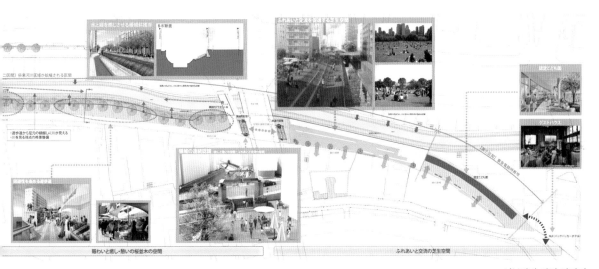

시부야강 정비 이미지

되는 퍼블릭 스페이스로 지역 사람들에게 사랑 받고 있다.

시부야는 국도 246호에 의해 남북으로 분리되어 그것을 연결하는 것이 큰 과제이다. 북쪽 거리 문화를 남쪽으로 확장한다는 의미에서도 이 프로젝트는 바로 시부야다운 퍼블릭 스페이스 만들기라고 할 수 있다.

퍼블릭 스페이스와 상업시설이 하나 된 'MIYASHITA PARK', '시부야파르코'

공원은 공유지를 활용한 개발로 시부야 민관 연계의 선진적인 사례라고 할 수 있는 것이 'MIYASHITA PARK'다. 2020년, 지하에 주차장을 갖추고 하라주쿠로 이어지는 북쪽의 랜드마크로서 사랑받던 옛 시부야구립 미야시타공원이 입체도시공원제도를 활용한 3층 건물의 'MIYASHITA PARK'로 다시 태어났다.

상공에 '캐노피'가 있는 시설의 옥상 부분에는 스케이트장, 볼더링(bouldering, 인공암벽등반) 벽, 다목적 운동시설, 잔디광장과 카페를 갖춘 '시부야구립 미야시타공원'이 정비되었다. 공원 아래층에 있는 세 개 층의 상업시설 'RAYARD MIYASHITA PARK'에는 고감도 하이브랜드나 컬처 브랜드, 전체 길이 약 100m에 달하는 '시부야 요코초'를 비롯한 음식점, 댄스 스튜디오 등 다양한 점포가 모여 있고 더욱이 하라주쿠 한쪽에서는 호텔 'sequence MIYASHITA PARK'를 만들었다.

부지를 횡단하는 미타케거리에 브리지를 만들어 남북 두 개 동의 시설을 연결하고 또한 상업 시설 2층 아웃몰(야외형 쇼핑몰)을 두 개의 기존 보도교와 연결하는 등 도시 연결통로로 기능될 수 있도록 계획되었다.

또한 MIYASHITA PARK에서 미타케거리를 따라 걷다보면 2019년 새롭게 개장한 시부야파르코에 다다른다. 공원이라는 퍼블릭 스페이스가 기반이 되는 MIYASHITA PARK에 비하면 시부야파르코는 상업과 엔터테인먼트 속에 퍼블릭 스페이스가 녹아 있는 것이 특징이다.

MIYASHITA PARK

시부야파르코 입체가로

시부야 리버스트리트

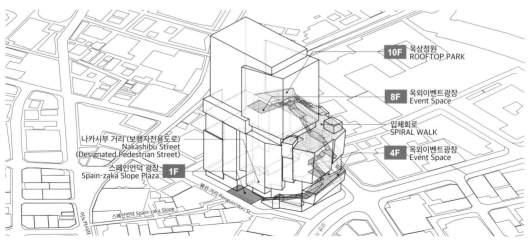

10F 옥상정원
ROOFTOP PARK

8F 옥외이벤트광장
Event Space

입체회로
SPIRAL WALK

4F 옥외이벤트광장
Event Space

나카시부 거리 (보행자전용도로)
Nakashibu Street
(Designated Pedestrian Street)

스페인언덕 광장
Spain-zaka Slope Plaza　1F

스페인언덕 Spain-zaka Slope

펭귄 거리 Penguin-dori St.

신 시부야파르코 퍼블릭 스페이스 이미지

시설 내에는 스페인언덕 광장과 옥상광장, 이벤트광장 등의 퍼블릭 스페이스 외에 극장이나 홀, 차세대 크리에이터를 발굴하기 위한 전시·판매장이 마련되어 있다. 또한, 옛 시부야파르코 파트1과 파트3 사이에 있던 샌드위치 거리가 24시간 통행 가능한 보행자 전용통로(나카시브 거리)로 탈바꿈했다. 건물 외주부 '입체가로'라는 개념으로 시부야역에서 코엔거리에서 입체가로를 통해서 옥상광장까지 걸어갈 수 있다. 입체가로 주변에는 코엔거리, 오르간언덕, 펭귄거리, 스페인언덕 등이 연결되어 있다. 예전부터

시부야공원이 스스로 만들어 온 시부야 거리 문화와 퍼블릭 스페이스를 잘 융합한 사례라고 할 수 있다.

도시계획을 스트리트 레벨로 접근하는 프로젝트

여기까지 소개한 시부야 리버스트리트와 MIYASHITA PARK의 프로젝트에는 공통점이 많다.

하나는 공유지를 이용하는 것이다. 시

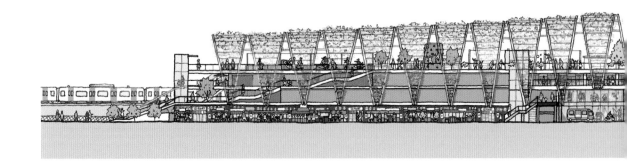

부야강은 도쿄도가 관할하는 하천이며, MIYASHITA PARK는 시부야구가 관할하는 공원으로 두 곳 모두 공유지이다. 도시재생 특별지구제도와 입체도시공원제도를 활용하여 행정기관과 민간기업이 연계함으로써 강 위, 도로 위, 공원 아래 같은 공공 공간을 새로운 퍼블릭 스페이스로 만들고 있다.

또 하나는 시부야강이 약 600m, MIYASHITA PARK가 약 350m 선형 부지라는 것이다. 시부야 리버스트리트가 정비되어 다이칸야마 방면으로 사람의 흐름이 생겨 주변에는 크고 작은 액티비티가 일어나고 있으며

MIYASHITA PARK 또한 캣 스트리트와 하라주쿠 방면에 새로운 사람의 흐름을 만들어내고 있다.

시부야를 남북으로 연결해 역 중심지구 활기를 주변지역으로 확대하는 것이다. 부지가 길어 도시에 영향 범위가 크다고 하는 것도 선형(linear) 퍼블릭 스페이스 특성이며, 주로 면적 확장이 요구되는 경향이 있던 지금까지의 퍼블릭 스페이스와는 다른 가치를 지니고 있다.

또한 이 두 프로젝트는 시부야역 주변과는 다른 개념으로 도시 재생이 진행된다는 것

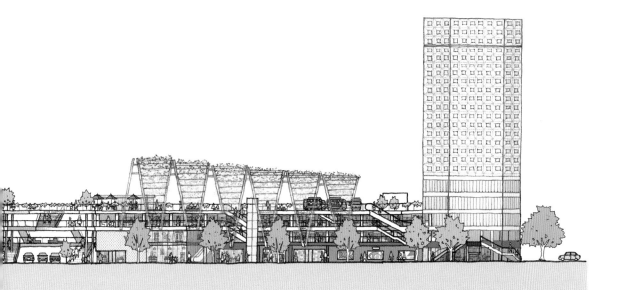

MIYASHITA PARK 입면

도 특징이다. 중앙지구는 어반코어, 데크 등에 의해 어떻게 시부야역을 중심으로 한 다층 구조의 보행자 네트워크를 만드는지가 주제이다. 그러나 역에서 조금 떨어진 시부야 리버스트리트와 MIYASHITA PARK의 테마는 물과 녹색 등 자연이다. 중심지구에 있는 퍼블릭 스페이스가 이벤트나 축제에 활용된다면 리버스트리트는 일상이나 휴식 장소가 된다.

시부야는 역을 중심으로 한 분지 지형으로 중심부에는 넓은 땅이 없고 퍼블릭 스페이스 각각은 결코 충분한 크기라고 할 수 없다. 그러나 지하와 하천, 도로와 데크, 상업 공간과 전망 공간 등 수많은 퍼블릭 스페이스가 도시의 다양한 레벨에서 만들어져 입체적으로 연결된다. 지형과 부지의 단점을 매력으로 바꾸는 것이 시부야 퍼블릭 스페이스의 재미있는 부분이라고 할 수 있다.

이 장의 시작 부분에서 지금까지 일본 퍼블릭 스페이스는 해외의 광장을 모델로 했다고 썼다. 그러나 원래 일본은 에도시대의 5가도(오슈가도, 나카센도, 닛코가도, 고슈가도, 도카

이도, 일본의 고속도로와 철도의 기본 경로)라는 개념을 보더라도 알 수 있듯이 광장보다 거리를 중심으로 '거리 문화'에 따라 도시가 형성되었다는 배경이 있다. 시부야의 퍼블릭 스페이스를 보면 그러한 개념이 지금도 도시 재생에 적용되어 있으며, 그야말로 일본 특유의 퍼블릭 스페이스의 본질이 아닐까 생각된다.

시부야 재개발 주제 중 하나는 시부야다운 거리 문화를 어떻게 남기고 재구축할지이다. 도시계획을 스트리트 레벨에서부터 생각한다는 발상 자체가 지금까지의 재개발에서는 찾아 볼 수 없었으며 그것을 실현하는 중요한 조각이 시부야 거리 곳곳에 흩어져 있는 크고 작은 퍼블릭 스페이스인지도 모른다.

지금 시부야의 "옥상"이 재밌어!?

전망 시설에 입체 공원, 보행자 데크…. 시부야에 새로 태어난 퍼블릭
스페이스 중에서 가장 주목받는 "옥상" 공간 소개.

시부야를 한눈에 조망,
마켓형 음식공간&이벤트공간
ROOFTOP PARK
시부야파르코

스케이트장과 볼더링!
상업시설과 일체의 입체공원
시부야구립 미야시타 공원
MIYASHITA PARK

미야마스자카 위까지 원활하게 이동
도시에 열린 보행자 데크
시부야히카리에 히카리에데크
시부야히카리에

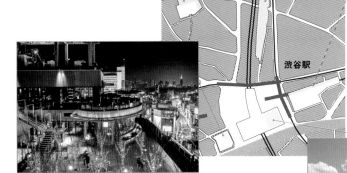

스크램블 교차로의 활기와 야경을
즐길 수 있는 테라스
SHIBU NIWA
시부야후쿠라스(도큐프라자 시부야)

지상 약 230미터에 있는
체험형 전망 공간
SHIBUYA SKY
시부야스크램블스퀘어

SHIBUYA

PUBLIC SPACE

개발에서 태어난 새로운 장소, 시부야강 재생과 시부야 리버스트리트

2018년 9월에 개장한 시부야스트림. 이 개발의 큰 테마는 부지를 따라 흐르는 시부야강 재생으로 정화된 강물과 함께 두 개 광장을 갖춘 수변 공간 '시부야 리버스트리트'로 다시 태어났다. 시부야강 환경정비협의회 운영에 참여한 시부야구 오쿠노 카즈히로, 시부야 스트림 개발·운영을 담당한 도큐 오타케 나리타다와 요시자와 유키, 시부야 리버스트리트 디자인을 담당한 니켄세케이 야스다 케이키와 사카모토 타카유키, 후쿠다 타로가 민관이 연계한 재생 프로젝트를 되돌아보았다.

다방면의 사람들이 하나 되어 만들어낸 프로젝트

오쿠노: 시부야역 주변 재개발에는 '시부야역 중심지구 도시만들기 지침2010'이 생겼을 무렵부터 관여하고 있습니다. 당시 저는 시부야구 주변정비과 계장으로서 시부야강에 관여하게 된 것은 2016년, 제2구간 시부야강 환경정비협의회를 시작한 무렵부터입니다.

오타케: 저는 2011년부터 참여하고 있습니다. 시부야스트림에 인접한 땅 소유주들과 함께 실시하는 공동개발사업으로 도시재생특별지구 제안을 염두에 두고 추진했습니다. 공공 공헌으로서 시부야강을 어떻게 정비할지 도쿄도와 시부야구 담당자들과 정비 내용을 상담하면서 진행했습니다.

요시자와: 저는 개장하기 약 1년 전인 2017년 10월부터 관여하고 시부야강에 대해서 시부야구와 사용 계약이나 계획 등을 정리하기 위해 불철주야 노력을 기울였습니다.

야스다: 저는 오타케 씨와 함께 도시계획제안에 관여하고 있었습니다. 그 후 일단 프로젝트로부터 떠났습니다. 시부야역 주변 지역 전체 계획을 정리한 콘셉트 책을 도큐와 함께 제작했습니다. '이런 미래가 되면 좋겠다'라는 소프트웨어 부분에 대한 도시의 이야기를 그린 것으로 나중에 운영을 담당하는 분들에게 좋은 아이디어가 되었으면 하는 마음으로 임했습니다.

사카모토: 저는 프로젝트 후반부터 디자인 멤버로 활동했습니다. 구체적으로 개념과 디자인을 구현하기 위한 방법이나 가치 판단 같은 것을 지원하는 임무였습니다.

야스다: 시부야강 약 600m 길이의 강변 개발은 도심 환경에 상당한 영향을 줍니다. 어떤 활용과 유지 관리가 필요한지, 그리고 그것이 제대로 기능하기 위해서 또 어떤 하드웨어가 필요한지, 도시계획에서 시작해 마지막에는 난간의 디테일까지 검토했습니다.

사카모토: 이 프로젝트에서는 건축 본연의 방식을 바꾸는 것과 같은 프로세스였습니다. 건축디자이너로서 랜드스케이프에 관련되는 것은 니켄세케이에서도 그

오쿠노 카즈히로
시부야구

다지 흔한 기회가 아니며 더욱이 시부야라는 도심 환경에서 '강'이라는 디자인 주제를 다루는 것은 매우 신선했습니다.

후쿠다: 저희 컨설턴트나 설계자는 특정 테마나 단계별로 관련되는 것이 일반적입니다. 하지만 이렇게 오랜 동안 다양한 사람이 참여하는 프로젝트는 매우 드물고 귀중한 경험이었습니다.

무한한 잠재력과 과제가 많은 시부야강을 어떻게 재생할 것인가?

오타케: 특구 제안에서 핵심 포인트는 무엇인가라는 논의가 있었습니다. 옛 토요코선 시부야역 플랫폼, 선로 철거지와 그 주변 지구라는 선형 공간이며 강이 인접한 장소이기 때문에 핵심 키워드는 '시부야강 재생'이었습니다. 당시 시부야강은 악취 나고, 오염되고, 어두운 장소였습니다.

오쿠노: 강 주변 빌딩도 노후화되고 내진 설계가 되지 않았다는 과제도 있었습니다. 행정기관으로서도 이 시부야강 재생으로 도시가 크게

바뀌는 계기가 되었으면 하는 생각이었습니다.

후쿠다: 당초에는 시부야강의 존재가 많은 사람들에게 알려지지 않았지요.

오쿠노: 다만 지역 주민들 의견을 듣는 공청회나 워크숍을 열고 '지역의 보물은 무엇입니까?', '지역의 과제는 무엇입니까?'라고 질문하면 돌아오는 대답은 대부분 시부야강이었습니다 (웃음).

오타케: 특구 제안에는 키워드 세 개를 담기로 했습니다. 첫 번째는 하천부지점용허가준칙이 개정되어 공공 기여 시설을 설치할 수 있게 되었기 때문에 '광장'을 만들자였습니다. 두 번째는 '강물 정화'였습니다. 당시 도쿄도가 고도 처리한 물을 방류했기 때문에 그 물을 시부야강까지 끌어오는 것이었습니다.

후쿠다: 물이 거의 흐르지 않던 시부야강을 물이 흐르게 하기 위해 여러 가지 기술적인 부분

도 검토했습니다.

오타케: 세 번째는 시부야에서 다이칸야마, 에비스 방면으로 이어지는 '산책로' 정비였습니다. 이 세 가지 시행안을 바탕으로 민관이 함께 시부야강을 재생해 나아가자고 제안했습니다.

오쿠노: 도심 한가운데에 강이 흐르는 것은 귀중한 자원이며 바로 옆에는 콘노하치만구도 있습니다. 강과 신사라는 귀중한 자원을 갖춘 지역이었습니다.

야스다: 시부야강은 동요 '봄날의 시냇가'의 모델이 된 강으로 한때는 지역주민의 생활용수로 이용되었습니다. 그런 의미에서 스크램블 교차점 근처 사람들이 바삐 오가는 느낌과 달리 정적이고 차분한 지역이었습니다. 음과 양의 개념으로 말하자면 그동안의 도시 개발에서는 그다지 주목 받지 못하던 음의 지역이었습니다.

후쿠다: 현지 주민들은 구체적으로 어떤 의견이었습니까?

오타케: 시부야강 재생에 관해서는 공통된 바람이 있었다고 생각합니다. 시부야강 환경정비협의회를 발족해 현지 주민들 의견이 반영된 공간으로 완성될 수 있었다고 생각합니다.

후쿠다: 시부야강은 도쿄도 관할이며 수변 공간은 눈에 보이지 않는 경계선이 많습니다. 그렇지만 그 경계가 느껴지지 않도록 하나의 공간으로 통합했습니다.

사카모토: 최초로 만든 것은 6m 정도의 두루마리 형태의 자료였습니다. 저희의 역할은 긴 형태의 부지가 연속적으로 어떤 체험을 낳을지, 거기서 사람들이 어떤 시간을 보내고 싶어할지, 그 실마리를 찾는 것이었습니다.

후쿠다: 디자인은 난간 하나에 이르기까지 그런 배려가 담겼지요.

야스다: 강을 따라 이어지는 풍경을 기억 속에 저장하게 하고, 더욱 확장하기 위해 줄무늬 형상의 평판으로 포장을 연결해 시부야강의 역동성을 느낄 수 있게 마감 작업을 하고 있습니다. 또 다리마다 조금씩 풍경이 변화하도록 구간을 나누는 등 풍경 변화에 신경 쓰면서 디자인했습니다.

오타케 나리타다
도큐

사카모토: 시부야스트림의 도로 측에 데크를 내밀어서 강을 내려다볼 수 있게 소소하지만 재미있는 장소를

시부야스트림 설계 : 도큐 설계 컨설턴트

만들기도 했습니다.

오쿠노: 실은 정확히 그곳에 관민 경계선이 있습니다. 하지만 현지에서 보면 전혀 눈치 채지 못하게 디자인되어 있지요.

야스다: 강 경계의 울타리는 친숙한 소재감으로 빛에 반사되는 것을 섬세하게 느낄 수 있도록 저렴한 철근을 사용하였습니다. 기초를 하나씩 만들어야 하기 때문에 귀찮은 점이 있었

어 매우 의미 있다고 생각했습니다.

야스다: 단순히 보존하는 것이 아니라 새로운 장소와 조화롭게 공존하는 것이 매력이라고 생각합니다. 저희 세대는 한때 철도가 있었다는 것을 알지만 젊은 사람들에게는 상상할 수 없는 일일지도 모릅니다. 향수와 다른 의미로 소중한 도시의 기억을 새기는 장소가 되지 않았나 생각합니다.

후쿠다: 요시자와 씨는 시부야 강변을 비롯해 역 주변에서 다양한 이벤트를 기획하고 있지요?

요시자와: 시부야스트림의 오픈은 시부야역 중심 지구의 큰 비중을

SHIBUYA PEOPLE

시부야강 재생은
혼신의 힘을 다한 프로젝트!

요시자와 히로키
도큐

차지하는 도시 재생으로 민·관·학·지역의 4위 일체라는 다른 도시에서는 찾아보기 힘든 시부야다운 개발 형태였습니다. 시부야강에 관해서 말하면 사람들을 모으는 것에 목적을 두기보다는 일상을 담는 성격이 더 강합니다. 적당히 활기차며 휴식하는 장소로 만들고자 했습니다.

지만, 도시와 조화되는 디자인에 주안점을 두고 노력했습니다.

사카모토: 옛 도큐 도요코선 고가교의 기둥 번호를 남기는 발상도 도시 기억을 연장할 수 있

애착 넘치는 장소를 목표로 한 이벤트와 사회 실험

후쿠다: 도쿄올림픽을 앞두고 역 중심 지구 각 프로젝트가 일제히 공개되는 그 첫 번째가 시부야스트림입니다. 드디어 시부야가 바뀐다는 기대를 한껏 받고 있다는 느낌이었습니다.

요시자와: 개인적으로는 강변이 있는 시부야 남쪽 지역 도시가 새롭게 열리는 느낌이었습니다. 약 600m 길이의 공간에서 지속적으로 뿌리내리는 활동을 하고 싶다고 생각했고 지금도 변함없이 지속하고 있습니다.

오타케: 푸드트럭 등도 유치하고 도시에서 농산물을 생산하는 어반팜(Urban Farm) 만들기에도 도전하고 있습니다.

요시자와: 오피스에서 근무하며 점심 먹을 곳을 찾는 사람이 많은 지역이기 때문에 푸드트럭을 설치해 보았는데 호응이 좋았습니다. 어반팜은 시부야에서 유일한 수변 공간과의 친화성이 있다고 생각해 NPO(민간 비영리 단체)와 협동으로 채소와 과일을 재배합니다. 옆에 있는 보육원에 채소를 전달하는 것으로 아이들 성장과 교육에도 도움이 되고 있습니다. 그 밖에도 맥주의 원료인 홉을 키워 크래프트 맥주를 만

들 계획도 있고 비정기적으로 거리장터, 3×3 바스켓볼 챌린지 같은 이벤트도 개최합니다.

후쿠다: 광장이 코트 크기와 딱 맞아떨어지지요. 중앙 계단이 관중석이 되는 것도 재미있습니다.

오타케: 여러분 눈치 채지 못할지도 모릅니다. 강 위에 설치된 코트라니 더 재미있지요.

야스다: 시부야에 있는 어반코어 중에서도 제일 활기 있는 곳이 아닐까 생각합니다.

오쿠노: 넓지 않지만 여러 가지 아이디어가 재미있게 실현되는 장소입니다.

사카모토: 처음부터 축제 같은 행사를 치를 활력 넘치는 장소이면서 고가를 건너 강변에서 한가하게 여가를 즐기는 일상도 있는 장면을 그리며 계획한 장소입니다.

후쿠다: 실제로 콘노하치만구 축제 때도 이 광장으로 가마가 들어오지요.

요시자와: 그 외에도 지역 주민 제안으로 카와

즈 벚꽃(2월에 빨리 피는 벚꽃)을 심어 도시재생협의회나 고쿠가쿠인 대학 세미나와 제휴해 '시부산사쿠라축제'를 개최하고 있습니다. 카와즈 벚꽃은 2월에 핍니다. 강변에 코타츠(일본식 난방기구)를 두어 따뜻하게 먹고 마실 자리를 마련해 두면 사람들에게 제법 인기 있습니다. 그 모습이 주변과 아주 잘 어울립니다.

사카모토: 그림으로 그린 상상을 초월한 듯한 광경이네요(웃음).

요시자와: 강 위에 조명을 설치하게 해달라고 도쿄도에 요청도 했습니다. 약 600m의 좁고 긴 공간을 조명으로 연결하여 환상적인 불빛이 펼쳐져 방문객이나 지역 주민들에게 지역 명소로 자리매김하고 있습니다.

화려한 건물이 아닌 일상을 만드는 것이 중요해

사카모토 타카유키
니켄세케이

야스다: 이전부터 있던 것 같은 분위기가 있지요. 과하게 화려하지 않으면서 사람들에게 애착이 생기는 장소인 것 같습니다.

사카모토: 일상적으로 사랑받는 장소로 만들기 위해 2019년에는 약 3개월간 '퍼블릭 주크박스'라는 사회 실험도 했습니다.

야스다: 핵심은 '도시의 경치'가 아니라 '도시의 분위기'입니다. 사람 기분이 장소 분위기에 영향을 미친다고 합니다. 사람의 감각이 좀 더 열리면 장소도 개방적으로 변해가는 현상이 있습니다.

사카모토: 시시오도시(일본의 차실 정원에서 볼 수 있는 대나무와 흐르는 물로 소리를 만드는 장치) 의미는 없지만 그것이 있는 것으로 장소에 확장성이 생깁니다. 소리를 만드는 것부터 시작해 거리의 특색을 지닌 소리를 찾는 워크숍도 진행했습니다. 수집한 소리들을 혼합하고 추상적인 소리로 변환해서 이상한 울림이지만 왠지 익숙한 소리가 나는 돌을 군데군데 랜드스케이프 장치로 두었습니다.

야스다: 어디에도 설명은 없지만 만지면 소리가 나서 왠지 즐겁죠. 굉장히 감각적이고 단순한 구상이지만 최신의 기술을 사용해서 어렵게 구현했습니다.

사카모토: 표면적으로는 단지 돌이 놓여 있을 뿐입니다(웃음).

접근하기 쉽고 높은 가치로 일상을 업데이트

오타케: 개장하고 나서 난간이나 조명도 시간이 지나면서 변화하고, 나무도 자라나서 거리에 꽤 친숙해진 것처럼 느껴집니다. 이런 여백이 있는 개발은 매우 드물기 때문에 앞으로 이 장소를 어떻게 활용할지 같은 여백의 공간을 점점 재미있게 만드는 일을 하고 싶습니다.

요시자와: 운영 멤버는 지금까지 시부야강 유역 에어리어 매니지먼트 활동이라는 의식을 가져왔습니다. 한층 더 업데이트하기 위해 2021년에 'good stream'이라는 주제를 내걸었습니다. '스트림'은 말대로 '시냇물'의 의미입니다. 이 말을 '좋은 시작', '흐름'이라고 해석해, 점차 다양한 흐름을 만들고 싶습니다.

오쿠노: 시부야구에서는 이전부터 '대중소(大中小)의 도시재생'이라 정하고, 역 앞 대규모 개발뿐만 아니라 시부야 강변에 있는 크고 작은 빌딩을 재건축하기 쉬운 환경으로 만들기 위한 검토를 시작했습니다. 강 자체 환경은 정돈되어 있기 때문에 다음은 강 주변을 재생할 차례입니다. 강에 등을 돌리는 것이 아니라 정면으로 마주하고 싶어지는 도시 재생을 진행해 갈 예정입니다.

사카모토: 이 프로젝트를 통해 일상을 만드는 것의 중요성을 배웠습니다. 화려한 건물을 만들어 영향력을 남긴다는 것과는 다른 각도로 매일의 생활에서 애착이 생겨 좋은 기억으로 남는 것 같이 소소하지만 왠지 기분이 좋은 장소를 만드는 일이지요.

야스다: 저 역시 일상을 새롭게 하는 것에 주안점을 두는 프로젝트였다고 생각합니다. 하지만 일상적이란 것은 좀처럼 명확하게 규정할 수 없고 잘라낸 한 장면이 좋다고 성립되는 것도 아니기 때문에 그 도심 속에서 일상을 제대로 파악하는 것이 굉장히 중요하다는 것을 배웠습니다.

요시자와: 지역의 공유 재산으로 수변 공간이라는 의미에서 문턱을 낮추고 그 가치는 높게 평가되도록 하는 장소만들기가 중요합니다. 주변 지역이나 행정기관

후쿠다 타로
니켄세케이

SHIBUYA PEOPLE

강변에 있는
난간 하나에 이르기까지
마음이 담겨 있어

SHIBUYA
×
PUBLIC SPACE

과도 함께 지역 전체 발전으로 이어지는 활동을 거듭해가고 싶습니다.

야스다: 준공하기 상당히 이전 단계부터 계획과 운영 멤버가 함께 모여 토론하고, 공유하는 것이 운영 단계에 들어갔을 때에 큰 힘이 된다는 것을 통감했습니다. 또한 신중하게 이야기를 엮어가고 개장 후에도 그 이야기를 계속 진화시키는 것도 중요합니다. 시부야강에 한정되지 않고 다른 지역에서도 이러한 도심 재생 방법이 퍼져 나갔으면 하는 바람입니다.

오쿠노 카즈히로

시부야구 도시정비부 도시조성추진담당 부장

1992년 시부야구 입사. 교육, 복지 등 소관을 거쳐 지역 만들기에 관련된 부서에 배치. 2011년 시부야역 주변 정비과에 배속되어 계장, 과장 역임. 시부야역 중심지구 개발 협의, 지역 조정, 도시 계획 결정 등에 종사한다. 2020년 4월부터 지역만들기 추진 담당 부장 취임.

오타케 나리타나

도큐 시부야 개발 사업부 프로젝트 추진그룹 과장

1973년 효고현 출생. 홋카이도 대학 대학원 수료. 대형 디벨로퍼를 거쳐 2007년 도큐 입사. 시부야역 중심 지구의 주요 복합 개발인 시부야히카리에 시설 계획, 시부야스트림 행정 협의·시설 계획·세입자 유치에 종사한다. 최근에는 새로운 시부야 지역에서 대형 개발 안건에 종사하고 있다.

요시자와 히로키

도큐 빌딩운용사업부 사업추진 그룹가치 창조담당

2001년 입사 후 문화 스쿨 사업 운영, 시부야역 가구 개발 계획 추진, 시부야 히카리에 문화 용도 운영, 시부야 스트림 시부야강 프롬나드(遊步道) 개업 담당 경험. 현재, 시부야역 주변 홀, 광장, 하천 등 "도시의 여백"을 무대로 다양한 가치 창조를 실천할 수 있도록 활동하는 지역 만들기에 시동을 거는 사람.

야스다 히로키

니켄세케이 이모션 스케이프 랩 어소시에이트

2005년 니켄세케이 입사. 국내외 도시계획, 도시디자인 담당. 환경과 사람의 감각이나 정동(情動), 행동의 관계에 관한 최근의 연구를 바탕으로 세세한 문맥의 독해를 통한 과제 해결의 지원을 다룬다. 주요 실적은 도쿄역 앞 지역 만들기 가이드라인, 도쿄 메트로 긴자선 디자인 매니지먼트 등.

사카모토 타카유키

니켄세케이 이모션스 케이프 랩 디렉터

도시 환경과 인간의 정동(情動)에 관한 연구를 바탕으로 마음에 와닿는 미래의 장이나 경험을 만들기 위해 다양한 활동을 전개.주요 실적은 도큐프라자 긴자, 파크액시스프리미어 미나미아오야마, 시부야후라쿠스 등. 경제산업성 산업구조심의회 2020 미래개척부회 위원, 초실감 커뮤니케이션 산학관 포럼(URCF) 정동(情動)환경 WG 멤버.

후쿠다 타로 프로필은 183쪽에

2019년 11월에 다시 태어난 신 시부야파르코, 2020년 7월에 개장한 MIYASHITA PARK는 모두 퍼블릭 스페이스와 상업 공간이라는 두 얼굴이 있다. 신 시부야파르코 개발을 담당한 이토 유이치, MIYASHITA PARK 개발에 행정 관계자로 참여한 시부야구 사이토 이사무, 각 개발의 계획 단계부터 참여한 니켄세케이 후쿠다 타로, 미쓰이 유스케, 스기타 소우가 퍼블릭 스페이스와 상업의 융합으로부터 태어난 새로운 도시 재생에 대해서 대담을 나누었다.

PUBLIC SPACE

TALK-06

두 개 "공원"에서 보이는
퍼블릭 스페이스와 상업의 새로운 관계

4개 층 입체도시공원과
퍼블릭 스페이스×상업의 융합

미쓰이: MIYASHITA PARK 사업자 공모 제안이 실시된 것은 2014년으로 니켄세케이는 미쓰이부동산으로부터 제안을 받아 참가했습니다. 당초부터 입체도시공원제도를 활용하는 것은 정해져 있었지만 그 제도를 활용한 사례가 적어 시행착오를 거치면서 최종적으로는 네 개 층의 공원과 상업, 그리고 옵션으로 호텔을 제안했습니다.

사이토: 예전 미야시타 공원을 두고 '주차장 위에 공원이 있다'고 자주 거론되지만 정확히 말하자면 '공원 지하에 주차장이 있다'라고 하는 것이 맞습니다. 원래 공원은 지상 층에 있다는 고정 관념이 있습니다. 하지만 공원 지하에 '도시공원법으로 인정되는 점용 공간으로 공공 주차장이 있다'라고 규정되어 있었습니다.

스기타: 공원 기능이 우선이군요.

미쓰이: 그런 배경도 있고 상공에 '캐노피'라는 특징적인 장치를 만들고 녹지 공간과 시부야다운 활동이 양립하면서도 조화하는 공원 시설을 제안했습니다. 또 '아웃몰형 상업'으로서 기존 주변의 가로나 공공 공간과도 연속적으로 접속

해 가는 것으로 시부야의 워커블 네트워크 형성에 기여하고 있습니다.

사이토: 제안 시점에서 저는 시부야역 주변 정비와 미야시타 공원 프로젝트는 관련이 없었습니다. '정말 이런 디자인으로 완성할 수 있을까?'라는 생각과 함께 멀리서 지켜보고 있었습니다만, 얼마 지나지 않아 담당 과장이 되어(웃음) 아주 열심히 진행했습니다.

스기타: 시부야파르코 개발의 경위는 어떻습니까?

후쿠다: 이 개발은 옛 시부야파르코를 중심으로 한 여러 땅 소유자들이 진행한 재개발 사업으로 도시재생특별지구를 활용한 프로젝트입니다. 저희는 다케나카 공무점 개발계획본부와 함께 도시개발 컨설턴트로 참여했습니다. 역중심지구와는 다른 방식으로 '새로운 시부야의 방향성을 나타내려면 어떻게 해야 하는가', '도시재생특구 개념은 어떻게 해야 하는가'에 대한 논의를 거듭했습니다.

이토: 개업한 것이 2019년 가을로 계획에서 준공까지 약 10년. 지금까지 파르코는 여기 시부야에서 극장이나 영화관, 갤러리를 포함한 다양하고 도전적인 문화를 만들어 왔습니다. 그 중심에 있는 시부야파르코는 회사의 모토 같은

것이었습니다. 도시재생특별지구를 사용한 시가지 재개발 사업은 파르코로서도 첫 시도였고 본점을 재건축한다는 것도 드문 일이었습니다. 더욱 독특한 것은 퍼블릭 스페이스를 입체적으로 정비한다는 것이었고 거기에 상업 공간과 파르코의 정체성이라 할 수 있는 엔터테인먼트 시설을 연동시켰습니다.

후쿠다: 실제 공원(공공용지)이 아닌 사유지 안에 이렇게 풍부한 퍼블릭 스페이스를 만든 개발은 매우 드문 사례라고 생각합니다.

미쓰이: 외주부를 둘러싼 '입체 가로' 아이디어는 계획 당초부터 있었습니까?

이토: 입체 가로 개념은 기본 설계 단계에서 한 번도 변경하지 않았습니다. 주위로부터는 회사 승인을 받기 어렵지 않았을까 하고 추측하고는 합니다. 하지만 우리 팀은 어렵지 않게 진행했습니다.

후쿠다: 도쿄도 담당자는 '입체 가로가 없어지지 않겠지요?'라고 반대로 걱정했습니다 (웃음). 입체 가로는 그 정도의 영향력이 있었습니다.

이토 유이치
파르코

SHIBUYA PEOPLE

문화적인 활동을
시부야의 가치로까지
높여가고 싶어

사람들이 모이는 '공원'이라는 장소의 본질은?

스기타: 두 프로젝트 모두 어떤 의미로는 '공원'을 테마로 한 프로젝트입니다.

이토: 파르코라는 이름 자체는 이탈리아어로 '공원'이라는 의미입니다. 회사의 DNA로서 '사람들이 모이는 장소를 만든다'라는 경향이 있습니다. 옛 시부야파르코가 탄생한 것은 1973년으로 그 이후 시부야구나 상점가의 여러분과 협력해 코엔거리 폭을 넓히거나 세련된 빨간 전화부스를 설치하는 등 보행의 편의성을 높여 왔습니다. 역에서 가까운 것도 아니고, 게다가 언덕을 올라가는 입지여서 사람들이 일부러 찾아와 줄 매력을 부여할 필요가 있었습니다.

사이토: 스페인언덕 시부야파르코도 상점가와 함께 도시를 정비했고, 옛 시부야파르코가 생기고 난 후 도시의 분위기가 상당히 바뀌었다고 들었습니다.

이토: 주변에 라이브 하우스나 스튜디오 등을 운영했던 적도 있어서 당시부터 지역 전체에 활력을 북돋으려는 의식이 있었다고 생각합니다.

스기타: 최근에는 주변 지역과 연계

한 지역 개발이 활발히 진행되고 있습니다. 옛날에도 그런 움직임은 있었군요.

사이토: 주변과 연계는 물론 퍼블릭 스페이스의 매력을 높이려면 민관 연계도 중요한 요소군요. 시부야에서 MIYASHITA PARK는 선구자적 프로젝트로 퍼블릭 스페이스가 수익을 창출한다는 관점에서도 중요한 프로젝트입니다.

미쓰이: 지금은 물건이 팔리지 않는 시대가 되어 상업시설은 쇼핑 이외 사람들이 그곳을 찾는 목적을 만들어 나아가야 됩니다. 단지 옥상에 공원이 있다는 것만으로는 성공할 수 없고 MIYASHITA PARK도 입구가 문화적인 요소로 충만한 신 시부야파르코와 같은 방법을 목표로 해야 한다고 생각했습니다.

사이토: 각 장소에서 어떻게 원활하게 공원에 다다를 수 있을지, 그 방법을 참고하기 위해서 도쿄 내의 여러 가지 옥외 계단을 둘러보는 등 다양하게 검토했습니다.

미쓰이: 건물 내에서 머무르게 하는 상업의 기본 룰에서 벗어나 거리의 다양한 방향으로부터 접근할 수 있고 식사나 휴식할 수 있는 거리나 공원 같은 장소, 걷기 즐거운, 지역의 허브 같은 존재가 되어야 합니다.

사이토: 그 외에도 메이지거리 관리자인 도쿄도와 협의를 거듭하여 하라주쿠 방향으로 이어지는 북쪽에 새롭게 횡단보도를 정비했습니다. 육교를 사용하지 않고 공원에서 계단으로 내려와 그대로 차도를 건너게 되어 자유로운 이동이 향상되었다는 것도 매우 중요한 점이라고 생각합니다.

SHIBUYA PEOPLE

지역 만들기의 열쇠는 "시티 프라이드"를 높여가는 것

사이토 이사무
시부야구

미쓰이: 보행자가 늘어나면 상업시설의 가치가 올라 사업성에도 공헌하기 때문에 결과적으로 퍼블릭 스페이스의 질을 더욱 향상하는 것으로도 이어집니다. 도로나 공원 같은 도시 기반 영역과도 조화되기 때문에 상업시설도, 공원도, 길도 각각이 아닌 융합된 공간을 만드는 것을 항상 염두에 두었습니다.

스기타: 퍼블릭 스페이스를 기본으로 한 MIYASHITA PARK에 비해 신 시부야파르코는 상업 기반을 기본으로 해서 퍼블릭 스페이스가 녹아 있습니다.

후쿠다: 단적으로 말하자면, 그동안의 대규모

개발 대부분은 '오피스 개발'이고 기본적으로 오피스 면적을 극대화해 수익을 얻는 사업 모델이 대다수였습니다. 그러나 이번 경우는 상업과 무엇보다 엔터테인먼트가 핵심이 되고 또 그것이 도시에 많은 매력과 가치를 부여하는지를 증명한 첫 프로젝트일지도 모릅니다.

이토: 옛 시부야파르코는 개장부터 엔터테인먼트나 문화적인 콘텐츠를 생산하는 장소로 운영해 왔습니다. 저희에게는 당연한 일이었지만 지역 주민이나 행정기관으로부터 상당히 긍정적인 평가를 받고 있습니다.

후쿠다: 지금까지의 노력과 실적도 있고 앞으로도 시부야에 뿌리를 내리고 도전을 계속한다는 기업의 자세가 도시의 좋은 파장을 만들고 있다고 생각합니다.

이토: 문화적인 활동으로 인해 시부야의 가치를 향상시키는 것이 이번 재개발 주제 중 하나입니다. 그런 의미에서도 지금까지 건물 안에서 성장한 콘텐츠를 거리로 내놓는 장소로 생각해 퍼블릭 스페이스를 구축했습니다.

미쓰이: 에스컬레이터 옆에 구획된 공간이 공공 공헌 시설이라고 하는 것도 놀랐습니다.

이토: 크리에이터 육성을 위한 매장 공간을 만드는 것이 특구의 공공 공헌으로서 정해져 전체적으로 100평 정도 분산 배치되어 있습니다.

후쿠다: 층마다 분산 배치하거나, 경계를 굳이 눈에 띄지 않게 하는 개발 방향을 열의를 가지고 끈질기게 행정기관과 대화하고 설득했습니다.

미쓰이: 저는 상업시설을 담당할 기회가 많았습니다. 그 실현의 어려움도 잘 압니다. 채산성을 좌우하는 임대 사업이 활성화되는 상업공간과 퍼블릭 스페이스의 경계를 모호하게 설정한 디자인도 훌륭합니다.

이토: 최우선의 주제는 공간을 여는 방법이었습니다. 입체 가로 아이디어로 각 층이 노점 같은 환경을 갖고 게다가 각 층에 점포의 출입구가 설치되기 때문에 전체적으로 개방적인 상업 시설이 됩니다. 상업과 퍼블릭스페이스가 연계된 개발의 모범적 사례가 될 것이라 생각합니다.

단지 공원을 만드는 것이 아니라 그곳에 오는 목적을 만들기가 중요

미쓰이 유스케
니켄세케이

시부야의 "거리"를 어떻게 퍼블릭 스페이스로 만들 것인가?

사이토: 시부야구에서 파르코에 부탁한 것이 몇 가지 있습니다. 가능한 한 '뒤편'을 많이 만들지 않으면 좋겠다는 것, 건물의 북쪽을 노점으로 계획해 거리의 활기를 만들 것, 오르간언덕 밑의 횡단 보도까지 정비해 줄 것, 신 시부야파르코로부터 주변 거리와 공간을 연결해 쉽게 이동할 수 있도록 해줄 것 등 여러 가지 무리한 부탁을 했었습니다(웃음).

이토: 원래 파르코 1구역과 3구역 사이에 있던 '샌드위치거리'라고 불리는 뒷골목 같은 모습이었습니다. 일단 도로를 폐쇄하고 부지 내 도로를 재정비해 24시간 개방된 보행자 통로로 만들었습니다.

후쿠다: 샌드위치거리는 '나카시브거리'라고 이름을 바꾸어 폐쇄된 도로 부분의 면적을 부지 주변의 도로를 확대하는 것으로 대처해 차를 위한 도로 공간도 더 많은 기능을 하게 만들었습니다.

이토: 옛 시부야파르코 주변

도로는 매우 좁고 불규칙한 형태로 걷기 불편했던 것이 많이 개선되었습니다. 시부야의 거리는 각 지역에서 언덕길을 올라가는 지형으로 각각의 개성이 있습니다. 그 비탈길을 건축에 반영하는 것이 이번 프로젝트의 개념이었습니다.

스기타: 시부야역 중심 지구는 다층의 통로나 어반코어, 도시를 이동하는 기점이 되는 '광장'으로 정비되었습니다. 그에 비해 신 시부야파르코와 MIYASHITA PARK는 시부야의 이전부터 있는 거리를 어떻게 퍼블릭 스페이스로 변화시킬 것인가를 실험하고 있군요.

미쓰이: 도시의 연장선상에 있는 퍼블릭 스페이스를 어떻게 만들어 갈까? 그것이 중심지구와는 달리 퍼블릭 스페이스를 정비하는 것이

차별화된 방법일까? 이 고민들은 "어쨌든 사람이 모이기 때문에 우선 광장을 만들자"라는 것과 다른 세계관입니다.

후쿠다: 그 장소가 목적지이기도 하며 통과 지점이기도 하죠. 건물이지만 거리의 요소도 있는 그런 장소군요.

미쓰이: MIYASHITA PARK는 원래 공원이 남쪽과 북쪽으로 나뉘고 각각 작은 다리들로 연결되어 있었죠. 거기에다 여러 동선 공간을 더해 계단이나 데크에서 거리를 내려다볼 수 있는 귀중한 장소가 되었습니다.

스기타: 상업적으로 봐도 특징적인 공간이라고 생각합니다.

미쓰이: 쇼핑센터를 걸어 도시로 나와 또다시 쇼핑센터로 걸어 들어가는 독특한 구조입니다. MIYASHITA PARK는 음식점 비율이 40% 정도로 일반 상업시설에 비해 매우 많습니다. 가능한 한 사람들의 체류 시간을 길게 가지면서 여유롭게 머물 장소로 만드는 것을 목표로 한 결과입니다.

이토: 물건이 아닌 시간을 소비한다는 개념은 상업시설도 공원도 마찬가지입니다. 지금은 상업시설의 각 층에 카페를 배치하는 것이 당연시되어도 레스토랑을 여기저기 분산 배치하는

것도 그런 맥락이었습니다.

주변 지역이 연결되어 도시가 넓게 퍼져간다

사이토: 지금까지의 지역 개발은 '활성화'라든가 '활력 만들기'라는 말이 대명사였습니다. 하지만 그보다 중요한 것은 지역 전체의 가치를 높이는 것입니다. 시부야구에서는 '시티프라이드'라고 합니다. 도시에 대한 자긍심이 높아지고 시부야의 매력이 더 많은 사람들에게 알려지는 것이랄까요.

이토: 코엔거리에는 퍼블릭 스페이스나 휴식 장소가 없었습니다. 이번 시부야파르코 재건축 프로젝트에서 현지 상점가 등으로부터 그에 대한 개선요구도 많이 받았습니다. 그것이 계기가 되어 신 시부야파르코의 1층이나 10층에 광장을 정비하게 되었습니다.

사이토: 퍼블릭 스페이스는 개발사업자 사정도 있겠지만, 우선 그 지역을 이용하는 사람들의 생각과 요구을 잘 이해하고 받아들일 필요가 있습니다. 기업의 시선에 이용자의 시선이 관여하는 것으로 새로운 발견이 생겨나고 지역

에 대한 애착도 퍼져나갈 것입니다.

이토: 10층 광장을 무대 공간으로 만들어 패션 쇼나 이벤트에 사용하고, 중장기적으로는 지역 주민도 이용할 수 있는 열린 광장을 만들어 가는 것이 저희가 생각하는 파르코의 바람직한 역할입니다.

사이토: 시부야구도 민관 연계에 의해 지역의 가치를 높이는 것을 생각하고 있습니다. 그러나 공공 공간, 도시 공간을 재미있게 만들어 가기 위해서는 행정기관의 힘만으로는 어렵습니다.

이토: 이전에 시부야구 담당자가 시부야역 주변을 연결하는 반지 모양으로 연결된 도로 그림을 보여준 적이 있는데 그것이 계속 머릿속에 남아 있었습니다.

SHIBUYA PEOPLE

시부야의 '스트리트'를
퍼블릭 스페이스에
어떻게 도입해 나아갈지

스기타 사토시
니켄세케이

사이토: 반지 모양 도로는 1990년경에 책정한 '시부야구 토지 이용계획'에 있는 아이디어입니다. 실현된다면 아주 이상적인 도시 공간이 될 것입니다.

이토: 이전부터 시부야는 산책하는 것이 즐거운 거리입니다. 각각의 거리를 연계하면서 도시의 매력을 높이는 것이 필요하다고 다시 느낍니다.

스기타: MIYASHITA PARK와 신 시부야파르코, 이 두 곳이 완성된 것으로 지역 전체가 활력이 더욱 생겼다고 실감하십니까?

이토: MIYASHITA PARK 사이에서 신 시부야파르코로 올라가는 미타케거리를 걷는 것이 즐거워졌지요. 아직 코로나의 영향이 있지만 서서히 가치가 올라갈 것이라고 믿습니다.

후쿠다: '시부야역 중심지구 지역개발 지침'에는 MIYASHITA PARK쪽 거리와 시부야스크램블스퀘어를 다리로 연결하는 구상도 있습니다. 이 두 시설은 입지적으로도 환상 도로를 사이에 두고 인접해 있으며 이벤트 등 운영 면에서도 서로 연계하고 있어 가능성 있습니다.

이토: 신 시부야파르코나 MIYASHITA PARK의 테넌트 중에는 지금까지 역 앞이나 역 빌딩에서나 볼 수 있던 고급 브랜드가 입점해 있습니다. 지역으로서도 지금까지 없는 현상이 생겨나면서 마치 도시가 서서히 퍼져나가고 있다는 느낌이 듭니다.

사이토: 시부야는 '젊은이의 거리가 아니라 어른들의 거리를 목표로 하고 있다'라고 알려졌습니다. 대상을 정하는 것보다 다양한 사람들이 서로 교류하며 즐길 거리로 만들고 싶습니다. 이를 위해서도 여러분과 협력해 도시의 다양한 퍼블릭 스페이스를 만들어 갔으면 합니다.

이토 유이치
파르코 인사전략부 업무부장
2000년 파르코 입사. 점포 영업, 선전, 재무, 경영 기획 부문을 거쳐 2014년부터 개발부(현, 도시 개발부). 파르코 최초의 기존점 재건축이 되는 신 시부야파르코 재건축 계획에 종사해 지구 계획 책정부터 재개발 및 특구 등과 관련된 도시계획 제안 및 행정협의, 세입자 대응 등 법정 재개발에 관한 업무 담당. 2021년 9월부터 현직

사이토 이사무
시부야구 도시정비부 도시만들기 제1과장
대형 하우스 메이커 설계 부문을 거쳐 1994년부터 시부야구에 봉직. 건축 확인 및 개발 허가 심사, 경관 계획 및 지구 계획 책정, 시부야역 주변 정비 사업 등 담당. 공원 프로젝트 추진 담당 과장으로서 미야시타공원 등 정비 사업을 담당하고, 2018년부터 지역만들기 과장으로서 시민 커뮤니티 활동 지원이나 공공 공간 활용 추진 등 광범위한 사업에 임하고 있다.

미쓰이 유스케
니켄세케이 설계부문 시니어 프로젝트 디자이너
2004년, 도쿄 공업대학 이공학 연구과 건축학 전공을 수료한 후, 니켄세케이 입사. 도시개발, 대규모 복합시설, 상업시설, 오피스빌딩, 학교시설 등의 설계 및 컨설팅 담당. 최근에는 '도쿄 스카이 트리 타운' '나다 중학교·고등학교' '아카사카 센터 빌딩' '호소카와 미크론 신도쿄 사업소' 'MIYASHITA PARK' 등

스기타 사토시
도시부문 도시개발부 어소시에이트
2011년 와세다 대학 대학원을 종료한 후 니켄세케이 입사. 입사 후 시부야 스크램블 스퀘어 도시 계획을 담당. 설계 부문으로 이동 후 복합 용도 건축물이나 연수원 설계에 종사. 그 후 도시 부문에서 니혼바시 도시 계획이나 TOD(역·도시 일체형 개발) 프로젝트 등, 복수 블록이 제휴하는 도시 재생에 관련하고 있다.

후쿠다 타로 프로필은 183쪽에

지역 연계와 수익성이 양립하는
새로운 공원 모델을 목표로

시부야구립 키타야공원

2021년 4월 시부야구 진난에 960㎡의 지역 공원을 새롭게 해 개장했다. 역 앞에서 조금 떨어진 작은 공원에서 태어난 새로운 지역 연계의 형태란? 공원 지정 관리자 '시부키타 파트너즈' 멤버 도큐 카와이 유 씨, CRAZY AD 다카다 에이치 씨, 니켄세케이 이토 마사토 씨에게 이야기를 들었다.

작은 공원이 시부야 도시
전체의 가치를 높이는 허브

이전 키타야공원은 자전거 주차장이 대부분을 차지하고 나무들이 무성하고 도시에서 잊힌 듯한 장소였다. 2019년 그런 공원을 지역 활성화 거점으로 바꾸는 프로젝트가 시작되고 시부야구에서 처음으로 Park-PFI 제도를 활용해 사업자를 공모를 거쳐 도큐를 대표로 하는 공동 기업체를 선정했다. 이듬해에는 도큐, CRAZY AD, 니켄세케이 3자로 구성된 '스부키타 파트너즈'가 지정 관리자로 선정되었다.

시부야역 주변 개발에서 중요한 역할을 하는 도큐가 역에서 떨어진 진난공원을 주목한 것에는 이유가 있다.

"키타야공원을 시부야 도시 전체 가치를 높이는

공원에 풍부한 풍경을 만들기 위해 오픈 후부터 푸드트럭을 통한 점심 제공 및 팝업숍 이벤트를 진행, 그리고 부지 내 2층 건물에는 블루보틀 커피가 입점해 있다.

SHIBUYA PEOPLE

다양한 사람들이 들르도록 하기 위해서는 장치를 만드는 것이 중요해

카와이 유
도큐

허브로 만들고 싶었습니다. 진난은 요요기공원 남단 지역으로 코스프레 애호가, 거리 예술가 등에게 인기 있는 지역으로 원래부터 지역 브랜드 힘이 있었기 때문에 새로운 것이 들어가기 어려운 면이 있었다. 또 다양한 사람을 모으기 위해서는 새로운 장치가 필요했습니다. 이 기회에 진난 도시 재생에 참가해 민관 연계로 도시에 공헌하는 본연의 방법을 추구하고 싶었습니다." (카와이)

한편 광고대리점 사업을 비롯해 이벤트기획·제작을 하는 CRAZY AD가 이 프로젝트에 참여한 이유는 진난 지역에 대한 애착에 있었기 때문이다.

"키타야공원 근처에 사무실이 있어 순수한 마음으로 이 지역의 매력을 많은 사람에게 알리고 싶었습니다. 공원에만 머무르지 않고 지역 주민이나 기업과 밀접하게 연계해 진난·우다가와 일대를 새로운 매력을 가진 활력 있고 다양한 교류가 있는 지역으로 만들기 위해 이벤트를 지속적으로 계획하고 실행해 지역 문화를 양성하고자 생각하고 있습니다." (다카다)

사업 전체 코디네이터를 담당하는 도큐, 홍보와 기획을 담당하는 CRAZY AD, 설계나 지역 매니지먼트를 담당하는 니켄세케이. 각각 입장이 다른 3자가 공원 유지 관리뿐만 아니라 홍보나 이벤트 기획 등의 운영도 포함한 전체 매니지먼트를 하고 있다.

"완성 후 사용할 모습을 상정해 설계하고 고품질

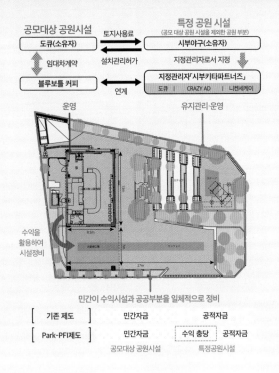

공모대상 공원시설
도큐(소유자)

특정 공원 시설
(공모 대상 공원 시설을 제외한 공원 부분)
시부야구(소유자)

토지사용료

임대차계약
설치관리허가
지정관리자로서 지정

블루보틀 커피
연계
지정관리자「시부키타파트너즈」
도큐 | CRAZY AD | 니켄세케이

운영
유지관리·운영

수익을
활용하여
시설정비

8.5m

27m

민간이 수익시설과 공공부분을 일체적으로 정비

[기존 제도] 민간자금   공적자금

[Park-PFI제도] 민간자금 수익 충당 공적자금
                  공모대상 공원시설 특정공원시설

의 공간을 유지하기 위해 운영까지 연관되는 것으로 공원 품질을 담보하고자 했습니다. 이번 공모에서는 지역 매니지먼트 관점에서 수익성뿐만 아니라 지역 연계도 중시하지 않으면 공모의 목적을 달성할 수 없었습니다. 우리는 일관되게 사업 가치를 높이고자 했습니다." (이토)

지역을 위한 공원이자
수익을 만드는 새로운 모델

"지역을 위한 공원으로서 주민이나 기업이 자유롭게 활동하는 것이 대전제입니다. 한편으로는 민간 사업 수익을 활용해 공원 정비를 해나가는 것이 Park-PFI제도이므로 사업을 성공하기 위한 수익성도 필요합니다." (이토)

공원 지정 관리 주체인 3자 모두 처음에는 시행착오의 연속이었습니다. 이벤트 기획 등의 비용은 어디까지나 민간 수익으로 충당하는 것이 원칙이기 때문에 공원 운영 사업 구조 자체가 수익성을 의식할 필요가 있다.

"지정 관리료는 지금까지 쓰였던 유지 관리 비용의 기초가 되고 있습니다. 수지 관리 시스템을 확립해 장기적으로는 지역에도 그 효과를 환원하지 않으면 안 됩니다." (카와이)

"다양한 상황에서 요구를 파악해 공원을 최대한 활용했으면 합니다. 그리고 수익성만을 추구하는 것이 아닌, 무엇보다 장소의 가치를 높이는 것이 결과적으로 수익과 연결된다고 생각합니다." (다카다)

지역을 위한 공원이라고 하는 관점을 잊지 않는 것. 수익성도 기대할 수 있는 공원 운영 모델을 추구하는 것. 이 두 가지가 양립하는 공원을 만드는 게 공동의 목표이다.

"키타야공원 사업은 시부야구 제안으로 시작했습니다. 장기적인 비전을 민관이 충분히 공유하기 때문에 행정기관도 공원 기획 전반을 포함하여 최대한 민간 재량에 맡겼습니다." (이토)

사업으로서 해결해야 하는 과제가 아직 많지만, 그러한 시부야구 자세가 프로젝트의 가능성을 넓히고 있다.

"지정 관리자 재정 사정에 대해서도 행정기관 이

SHIBUYA PEOPLE
단발로 끝나지 않고
문화를 조성할 수 있는
장을 만들기

다카다 에이치
CRAZY AD

SHIBUYA PEOPLE
지역 플레이어나
오너와 대화하는 것이 중요

이토 마사토
니켄세케이

레벨 차이를 이용해 마련된 여러 광장은 지역 사람들의 다양한 활동을 하는 장소. 스트리트 전자오르간 설치 외에 팝업 출점·전시회·워크숍 등 폭넓은 이벤트를 개최하고 있다.

해가 뒷받침되기 때문에 주저 없이 새로운 시도와 도전을 할 수 있는 것 같습니다." (다카다)

공원 개념은 '-YOUR CANVAS PARK- 공원에서 그리는 자신의 색'. 다양한 주체 활동의 무대로서 지역에 뿌리를 둔 공원 만들기가 목표이다. "예를 들면 웨딩 이벤트 기획이라면 의상, 머리, 화장, 음식 등이 필요하므로 그 자원을 지역에서 찾는 것이죠. 지역 점포나 기업이 강점을 살려 콘텐츠화할 수 있으면 공원 브랜딩에도 도움이 되고 지역 새로운 비즈니스 창출의 기회가 될 수 있다고 생각합니다." (카와이)

"비교적 한산한 아침 시간에는 요가나 근육 트레이닝 등의 활동 이벤트를 개최하고 싶습니다. 공원 내 카페 블루보틀 커피나 푸드트럭에도 사람들이 들러 교류의 시간을 만들 수 있고, 더욱이 지역의 매력인 공원 문화를 응원하기 위해 기획 행사, 음악 공연 등을 할 환경도 정돈해 갔으면 합니다." (다카다)

주목할 것은 단순한 장소 대여가 아닌 지역과 연계로 이루어지는 기획. 진난은 원래 크리에이티브의 감도가 높은 사람들이 많이 모여들기 때문에 지역 가치를 높이는 공원만들기에 그러한 플레이어와의 연계가 빠질 수 없다. "또한 주변의 임대료가 오르고 작은 상점들이 사라지고 있다는 위기감도 있습니다. 우선은 지역의 플레이어나 오너와 대화하면서 해결책을 찾아가는 것도 중요합니다." (이토)

"무엇보다 이 지역의 자부심이 될 수 있는 공원이 되기를 바라며 그런 진난 지역의 미래를 모두와 함께 생각고 싶습니다." (카와이)

시부야와 매니지먼트

SHIBUYA × MANAGEMENT

시부야역 주변에서 동시에 진행되는 공사·공정 조정, 공사 중 정보를 홍보하는 일 등을 실시하는 'CM회의'와 '시부야스크램블스퀘어 비전'을 비롯한 옥외 광고 규제를 완화하고 그 수익을 지역 개발에 활용하는 지역 매니지먼트 방법. 공사 중은 물론, 공사가 끝나고도 계속되는 시부야 특유의 매니지먼트 방법이란?

이제까지 여러 번 이야기한 것과 같이 시부야역 중심지구 재개발 사업이 본격적으로 움직이기 시작한 것은 시부야히카리에가 개업한 2012년의 일이다. 2013년에는 역 주변에서 계획된 시부야 스크램블스퀘어나 시부야후쿠라스, 시부야스트림에 대해서 도시재생특별지구 제안이 이루어졌다. 이 장에서는 많은 사업자나 관계자가 관련되어 있어 일본에서 가장 거대하고 복잡하다는 '100년에 한 번' 진행되는 재개발을 매니지먼트의 관점에서 살펴본다.

시부야 에리어 만들기 활동 주체가 된 것은 2013년에 일어난 임의 단체 '시부야역 앞 에리어매니지먼트협의회'다. 역 주변 빌딩 개발 사업자, 토지구획 정리 사업 시행자, 행정기관으로 구성되어 시부야역 앞 에리어 만들기 활동의 방침이나 옥외 광고물을 비롯한 에리어 룰 만들기에 대해서 민관에서 협의·매니지먼트·방향성을 정하는 조직이다.

에리어매니지먼트협의회에서는 설립 당초부터 시부야의 도시 과제로서 '방재', '광장

Shibuya × Management Chronology

- 하치코 앞 간판 설치(검토) 1월
- 시부야역 중심지구 공사·공정협의회(CM회의)설립 9월
- 특정구역 경관형성지침 책정 8월
- 시부야역 앞 에리어매니지먼트 협의회 설립 5월
- 일반사단법인 시부야역 앞 에리어매니지먼트 설립 8월

2011　　2012　　2013　　2014　　2015

옥외 광고물
지역 규칙

디자인·
기반조정

주차장운영

지역공동
이벤트

광장 이용

공사 중
매력 부여

연계

협동

한층 더 도시를 사용하기 쉽게

시부야역 앞 에리어매니지먼트 협의회

한층 더 도시를 활기차게

일반사단법인 시부야역 앞 에리어매니지먼트

시설 관리

방재·방범

AEMS·
환경대책

정보발신

관광

사업계획책정

에리어매니지먼트 활동 메뉴

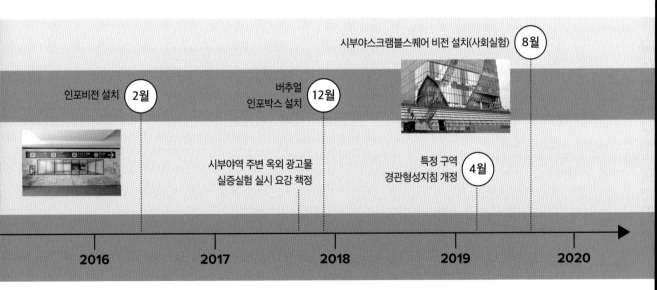

시부야스크램블스퀘어 비전 설치(사회실험) 8월

인포비전 설치 2월

버추얼
인포박스 설치 12월

시부야역 주변 옥외 광고물
실증실험 실시 요강 책정

특정 구역
경관형성지침 개정 4월

2016　　　2017　　　2018　　　2019　　　2020

이용' '전체 이벤트' 등 하드웨어와 소프트웨어 두 측면의 실행 사항을 검토했다. 현재는 일반 사단법인 '시부야역 앞 에리어매니지먼트'와 제휴해 '도시를 더 사용하기 쉽게', '도시를 더 활력 있게' '12활동 지침'으로 재편·정리되고 있다(149쪽 참조).

'100년에 한 번' 진행되는 개발이 원활하게 진행된 이유

에리어매니지먼트협의회 설립 초기 활동 지침에도 포함되어 있었던 에리어 만들기의 중요한 항목에 '공사 과정 매니지먼트' 내용이 있었다. 그것은 '어떻게 이 거대한 재개발 사업을 원활하게 진행해 나아갈까?'였다. 이 지침을 실행할 핵심 주체는 장기적인 관점에서 공사와 매니지먼트를 조정하는 '시부야역 중심 지구 컨스트럭션매니지먼트협의회'(이하 CM회의)였다. CM은 Construction Management의 약자로 건축 용어다. 건설의 전 과정에 걸쳐 프로젝트를 보다 효율적이고 경제적으로 수행하기 위하여 각 부문의 전문가들로 구성해 조율하는 집단을 말한다.

2013년, 국도 246호 보행교 교체 검토 등을 계기로 CM회의가 시작되었다. 협의회의 초기 멤버는 국토교통성 도쿄국도사무소, JR 동일본, 도큐, 도쿄메트로 등 철도 사업자와 각 개발 사업자를 포함한 9개 회사였다. 이후 시부야역 근처에서 사업을 진행할 예정이던 수도고속도로와 시부야구가 추가로 참여했다.

CM회의 역할은 크게 두 가지였다. 하나는 복잡하게 얽힌 각 사업을 원활하게 진행하기 위한 '컨스트럭션 매니지먼트' 진행이었고, 다른 하나는 공사 상황이나 진행 과정을 역 이용자들에게 알기 쉽게 전하기 위한 '홍보'였다.

시부야역 주변에서는 당시 민관에 맞춰 대규모 프로젝트가 여러 개 계획되어 있었다. 게다가 같은 지역에서 철도, 도로, 빌딩 건설 등 다양한 공사가 동시에 진행되기 때문에 도로에 공사 야드를 펼치는 심야 시간대의 매니지먼트는 큰 과제였다. 예를 들면, 국토교통성이 실시하던 국도 246호 보행교 공사에서는 국도 246호나 메이지거리의 통행을 일부 정지하고 보도교 설치를 위한 장소를 확보하지 않으면 작업할 수 없는 상황이었다.

CM회의에서 계획하던 각 사업의 도면 등을 조정하다 보니 그 외에도 다양한 문제점이 발견되었다. 각 사업자가 사용하고 싶은 공사 야드가 겹친다거나 동시 진행하는 여러 공사 현장의 차량이 몇 대 정도 통행하는지, 거기에서 오는 영향 등도 파악할 필요도 있었다. 이런 문제점을 정리해 한눈에 들어오기 쉽게 하기 위에서 카르테(진료기록부) 같은 과제 시트를 만들어 공유하고 각 사업자 간의 요구를 조정하며 묵묵히 논의를 진행했다.

물론 이런 매니지먼트는 시부야와 관계없이 민간 개발과 공공 공사가 동시 진행하는 대규모 개발 사업에서 그다지 특별한 일은 아니다. 특히 공사 일정이 촌각을 다투는 상황에서는 서로 양보하기 어렵기 때문에

제네콘(종합건설회사) 등 공사 관계자가 현장에서 늘 매니지먼트를 해야 한다는 것이 일반적이다.

그러나 시부야의 경우는 너무 근거리이며 대규모 개발이 동시에 진행되는 매우 특수한 경우이다. 통합적으로 관리하고 움직이지 않으면 모든 사업이 예정대로 진행되지

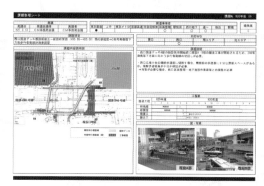

과제 조정 시트

인포비전

않을 수 있다는 큰 위기감 때문이었다. 그 때문에 다른 어느 지역에서도 행해지지 않았던 9개 사업자가 하나의 탁자 위에서 같은 정보를 공유하고 협의하면서 진행하는 시부야만의 새로운 매니지먼트 방법이 태어난 것이다.

공사하는 동안 정보를 지속적으로 홍보

이러한 공사 조정 이외에 CM회의에서 논의의 중심이 된 것은 공사 진행에 대한 홍보였다. 시부야역 앞 개발은 시부야스크램블스퀘어제Ⅱ기(중앙관·서관)가 개장하는 2027년도까지 계속될 것으로 전망되었다. 이러한 상황을 근거로 시부야역중심지구에리어개발조정회 부좌장인 나이토 히로시는 다음과 같이 말했다.

"10년, 20년씩 공사하면 시부야에 사람이 오지 않게 됩니다. 그러므로 공사 중에도 확실히 홍보해야 합니다."

철도나 통로 등을 살리면서 공사를 진행하기 위해서 공사 중에 가설 통로가 여러 번 바뀌었고 여기를 찾아오는 사람들은 시부야에 올 때마다 헤맬 우려가 있었다. 또 환승 등의 안내 사인을 설치해도 각 사업자가 다르기 때문에 각각의 스타일대로 설치한다면 오히려 더 알기 어렵다.

그리하여 CM회의에서는 공사 중의 안내판 메뉴얼을 작성해 모든 사업자와 공유한다. 구체적인 안내판 포맷 외에 통로가 바뀌는 경우는 1개월 전에는 현지에 고지하는 것도 규칙화했다.

2016년 당시에 JR야마노테선의 플랫폼에서 떨어진 장소에 있던 사이쿄선 플랫폼을 야마노테선 옆으로 이설하는 것을 알리는 포스터에 '앞으로 나란히 플랫폼!'이라는 독특한 카피로 안내했다. 각 공사를 늦추지 않고 안전하게 수행하는 것은 물론 '사용자 우선'이여야 한다는 각 사업자의 생각이 하나가 되어 도입한 것이다.

공사에 관한 프로모션 방법으로 벤치마킹한 것은 독일 베를린 포츠담광장 재개발 사

SHIBUYA × MANAGEMENT | PICK UP

공사 중 사인 기본 규칙과 통일 포스터

CM회의에서는 공사 중 사인 기본방침과 가이드라인 설정.
또 일반인을 위한 공사 정보를 발신하기 위해 통일 포스터 작성.

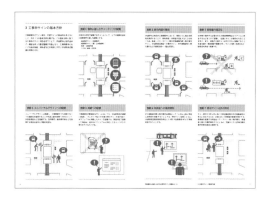

방침1 장소에 적합한 사인 타입 배치

방침2 표시 내용의 정합

방침3 정보량 적정화

방침4 유니버설 디자인 배려

방침5 미관 배려

방침6 이용자에 대한 사전 주지

방침7 표시 사인 이외의 대응

도쿄국도사업

구획정리사업

역 동관 빌딩

도쿄메트로

역 남측 지역

도겐자카 1쵸메

JR동일본

업 때 만들어진 방문자 센터 '인포박스'이 다. 1995~2005년 사이에 이 광장에 가설되어 다임러크라이슬러, 소니, 독일철도, 독일텔레콤 등 관계 기업의 공동 사업체에 의해 운영된 이 시설에는 프로젝트 경위와 완성 모형, 관련 다양한 자료 등을 전시했다. 게다가 옥상에는 광장 주변을 바라볼 수 있는 전망대가 설치되어 국내외에서 많은 사람들이 방문해 '공사 현장 관광'이라는 새로운 스타일을 만들어냈다.

그 외에도 도쿄메트로가 미나미사마치역 선로·플랫폼 증설 등 공사에서 그 내용이나 매니지먼트를 소개하는 시설 '메트로·스나치카' 등도 시찰했지만, 이러한 '홍보 박스'를 만드는 것은 사람 동선이나 공사 가설 등이 겹친 시부야에서는 협소한 공간 때문에 어렵다고 판단했다. 최종 결론으로 도달한 것이 공사 중 홍보를 비전에 집약해서 담는다는 아이디어였다.

2016년 2월에는 많은 사람들이 오가는 시

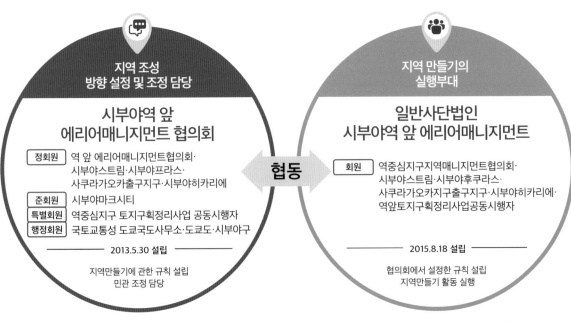

에리어 매니지먼트 체제표

부야히카리에 연결 데크에 CM회의가 메인이 되어 'SHIBUYA INFO VISION'을 설치했다. 또한 11월에는 시부야역 앞 에리어매니지먼트가 주도해 시부야강을 따라 컨테이너로 만든 시부야 정보 발신 시설 'Shibuya info Box Supported by ZOJIRUSHI My Bottle 안에 어디서나 cafe'를 오픈했다.

나중에 시부야스크램블스퀘어 제1기(동관) 준공에 맞추어 'SHIBUYA INFO VISION' 철거가 필요했기 때문에 2019년 3월에는 시부야역 앞 에리어매니지먼트의 'SHIBUYA + FUN PROJECT'와 협력하여 웹 사이트 'Shibuya Info Box '를 신설했다. 현지에 가지 않아도 스마트폰으로 공사 정보나 과거 사진을 볼 수 있는 등 변화를 계속 전하고 있다.

옥외 광고 규제 완화와 "시부야다움"

장기간에 걸친 공사 기간 관리는 물론 완성되는 많은 시설과 공공 공간을 앞으로 어떻게 유지 관리할지도 시부야 재개발에서 큰 과제였다.

지금은 당연하게 '에리어매니지먼트'라는 말이 사용되지만 시부야 역 주변 개발을 시작한 2012년 당시는 실행된 사례가 적었다. 설립 초기 에리어매니지먼트협의회가 여러 가지 검토하고 진행한 사항은 큰 의미의 에리어매니지먼트를 지속해 나아간다는 선언이기도 했다.

또한 2015년 8월에는 에리어매니지먼트협의회가 정한 규칙과 정책에 따라 지역 만들기 활동을 실시하는 "일반사단법인 시부야역 앞 에리어매니지먼트'가 생겼다.

이 단체는 다음 세 개 사업으로부터 수익을 얻고 지역에 환원하고 재투자하는 '지역만들기 실행 부대'라고 할 수 있다.

❶ 옥외 광고물 사업: 시부야역 하치코광장 등 공공 공간이나 건축물 벽면 등을 활용한 옥외 광고물 게시 관리

❷ 공공 공간 활용 사업: 시부야역 동쪽 출구 지하 광장 음식점이나 구매 시설 설치와 운영

❸ 커뮤니케이션 디자인 사업: 시부야역 에리어 홍보, 공사 중 매력 만들기

최근에는 다양한 지역에서 공원과 도로, 역 앞 광장 같은 공공 공간을 활용한 이벤트·프로모션 등이 진행되지만, 공사 중과 완공 이후까지 그 공간을 활용하기 위해서는 기존 규칙대로는 어렵다. 그래서 시부야만의 '로컬 룰'이 필요했다.

에리어매니지먼트협의회의 개념은 '동심 같은 마음으로 시부야를 움직여라'였다. 시부야에서 새로운 에리어 만들기 움직임이 일어난 이유는 사업자, 행정, 현지 구성원 모두 '즐겁지 않으면, 시부야가 아니다'라는 의식이 뿌리박혀 있었기 때문이다. 게다가 행정이 시부야 전체를 창의성 넘쳐나는 거점으로 포지셔닝하는 것을 목표로 '2020 크리에이티브 시티 선언'을 내걸었던 것도 주목해야 한다.

시부야 도시만들기에 관련된 사람들 사이에는 일본의 최첨단, 아니 런던이나 파리, 뉴욕 등과 어깨를 나란히할 세계 최첨단 도시를 목표로 한다는 강한 마음이 있었다.

이러한 비전을 내걸고 미래를 구체화해 진행된 에리어매니지먼트 대처 중에서 가장 시부야다운 사례를 꼽으라면 옥외 광고의 규제 완화를 들 수 있다.

리우데자네이루 올림픽 폐회식에서 마리오로 분장한 아베 신조 총리가 등장하는 서프라이즈를 기억하는 사람도 많을 것이다. 그 영상에서 도라에몽이 4차원 포켓에서 낸 토관을 둔 장소, 그곳은 시부야 스크램블 교차로이다. 일본을 상징하는 장소로 전 세계에서 관광객이 모이며, 높은 콘텐츠 홍보력을 지닌 시부야라면 옥외 광고로 수입을 기대할 수 있었다. 그것을 에리어 만들기 재원을 마련하자는 계획이었다.

하지만 이러한 목표를 실현하기 전에 해결해야 할 제약이 있다. 그것은 경관 조례와 옥외 광고물 조례였다. 특히 공공 공간이나 도시재생특구 등을 활용한 대규모 건축물에는 전광판를 비롯한 대규모 광고를 설치할 수 없다는 규제가 있었다. 그래서 2014년에는 시부야역중심지구디자인회의(디자인회의)에서도 옥외 광고에 대한 논의를 본

격적으로 시작했다. 시부야역 하치코 광장의 옥외 광고 사회 실험을 시작으로 대규모 건축물의 벽면에 대해서도 규제 완화를 위한 논의가 이루어졌다.

전례가 없었기 때문에 이를 실현하기 위해 행정이나 경찰, 철도 사업자나 도로 사업자 등 관계자 간의 매니지먼트에 가세하여 사회 실험을 통해 명분을 마련해야 했다. 차를 운전하는 사람이 그냥 지나치거나, JR노선이나 도쿄메트로 긴자선 운전사에게는 눈부시지 않은지, 지진 등 재해가 일어났을 때에 긴급 정보를 전하는 매체로서 제대로 작동할지 등에 대해서다.

전문가 지도 아래 2년 넘게 실시된 다양한 실증 실험을 거쳐, 2019년 11월에 개장한 시부야스크램블스퀘어 제1기(동관)의 벽면에는 약 780㎡, 일본 최대 크기인 디지털 전광판 '시부야스크램스퀘어비전'이 설치됐다.

시부야역 하치코광장이나 시부야스크램블스퀘어 옥외 광고의 규제 완화 외에도

시부야역 하치코광장 옥외 광고

시부야역 동쪽 출구 지하광장

시부야스크램블스퀘어비전

2019년에 정비된 시부야역 동쪽 출구 지하 광장에서는 도시재생추진법제도를 활용했다. 도로 점용 허가 특례를 받아 관광 안내도 할 수 있는 카페나 광고를 설치해 시부야역 주변에 부족했던 휴식 공간을 정비하였다. 또한 시부야구의 협력을 얻어 파우더룸이 있는 공중 화장실도 설치하였다. 이 광장에서 얻은 수익은 광장 유지 관리와 에리어 만들기 활동에 쓰였다. 이로 인해 도쿄 어느 거리에서도 없는 독자적인 시부야 룰이 탄생했다.

물론 광고나 이벤트 이용에 따른 수입도 에리어매니지먼트 조직 활동 보고 일환으로 수익과 지출에 대한 보고를 매년 실시했고, 수익금은 거리 홍보나 공사 중의 활기찬 분위기 형성, 안내·유도 서비스, 청소 서비스 등을 높이는 데 쓰였다.

현재는 '에리어 만들기의 룰 만들기' → '에리어 만들기의 실행·운용' → '+FUN'이 넘치는 도시' 프로세스로 정립되었다.

이는 CM회의라고 하는 초장기적인 공사 기간을 활용한 어느 도시에도 없는 '시부야 스타일'의 개발과 프로모션 방법이며, 에리어 매니지먼트 협의회가 정한 '시부야 룰'을 통한 광고 등의 운영이다. 이 장에서 다룬 두 사례 공통점은 주체가 되는 사람 또는 조직이 별도 기관을 만들어 지역만들기 매니지먼트를 실시하고 있다는 것이다.

또한 사업자는 물론 행정이나 현지의 의견을 수렴하고 논의를 거듭해 과제를 하나하나 해결해 나아간다는 것이다. 이처럼 이해관계자를 하나로 조직하는 시부야의 모범 사례는 앞으로의 대규모 재개발과 지역만들기에 꼭 필요한 구조라 할 수 있다.

시부야의 예를 봐도 분명한 것은 대규모 재개발은 수익을 올리기 쉬운 역 앞 등이 대상지가 되는 것이 대부분이다. 다양한 관계자나 사정이 복잡하게 얽히기 때문에 공사 기간은 장기화되고 게다가 만들고 끝이라고 할 수는 없기 때문에 개발 후 매니지먼트도 피해 갈 수 없다. 이러한 과제는 신주쿠나 시나가와를 비롯해 도쿄에서 현재 진행되는 대규모 재개발에서도 똑같이 가시화될 것이다.

지속가능한 도시만들기 구조

100년에 한 번의 재개발로 다시 태어난 시
부야 스타일 매니지먼트 방법은 앞으로 지
역 만들기의 롤 모델로서 또 다른 여러 장
소로 계승될 것이다.

TALK-07

9개 사업자가 합친 "팀 시부야"에 의한
공사 매니지먼트와 홍보 활동

시부야히카리에가 개업하여 시부야역 중심 지구 재개발 공사가 본격적으로 움직이기 시작한 2013년 이다. 공사·에리어매니지먼트를 실시하는 '시부야역 중심지구 공사·매니지먼트협의회(CM회의)' 가 시작했다. 모인 것은 바로 '팀 시부야'라고도 불리는 9개 사업자다. 그 멤버인 JR동일본 아리카 와 사다히사, 도쿄메트로 시라코 신, 도큐 모리 마사히로, 같은 회의 운영에 관여한 퍼시픽 컨설턴 트 코와키 타치지, 니켄세케이 시노즈카 유이치로와 함께 CM회의 중요 역할에 대해 이야기했다.

전체를 조망하는 CM회의는
시부야 재개발의 '추진력'

시노즈카: '시부야역중심지구공사·매니지먼트 협의회(CM회의)'가 설립된 것은 2013년도 말입 니다. 먼저, 설립이 시작되었던 시절부터 이야 기해 보고 싶습니다.

아리카와: 저는 당시 JR동일본 터미널 계획부 과장이었습니다. 처음에 모인 9개 사업자들과 함께 안내판이나 홍보·PR용 포스터 포맷을 통 일하고자 자주 이야기했던 것으로 기억합니다.

시노즈카: 2016년에는 공사를 PR하는 포스터 를 모두 동일한 것으로 만들었습니다. 같은 포 맷에 캐치프레이즈 세 가지를 나란히 디자인하 고 각 사업자의 특색을 살린 색깔로 나누었습 니다. JR동일본 포스터는 '앞으로 나란히!! 플 랫폼'이라는 광고였습니다. 그 과감함에 놀랐습 니다(웃음).

아리카와: 저희 회사의 '가자, 도호쿠로!'라는 캠페인의 패러디처럼 말입니다(웃음).

시라코: 저희 도쿄메트로는 대조적으로 '전통× 첨단의 융합'이라는 딱딱한 광고였기 때문에 오 히려 놀랐습니다(웃음). 각 회사마다 존재하는 홍보 방향과 적합성을 생각한다면 어디까지 통

일할지 꽤 어려운 면도 있었기에 초기에는 논 의에 시간이 많이 걸렸습니다.

시노즈카: 또한 공사 중에는 보행자 통로의 변 화가 발생합니다만 공사 주체가 복잡하게 얽혀 있기 때문에 보행자 동선의 변화를 사전, 사후 에 안내할 수 있도록 포맷을 통일화했습니다.

모리: 도큐는 역 도시 토지구획 정리 대표 담당 자로 오랫동안 관여했습니다. 이 사업에서는 통로 변화가 자주 발생하기 때문에 홍보 룰이 통일된 것은 매우 도움이 되었습니다. 그리고 이만큼 많은 사업자 공사 스케줄을 통합적으로 관리하는 '시부야역주변교통대책검토회'의 역 할이 컸습니다.

시노즈카: 철도나 인프라에 관련된 공사는 도 로 위에서 할 수밖에 없어서 아무래도 공기나 장소가 겹칩니다. 그것을 해소하기 위한 검토 회이기도 합니다. 각 사업자의 공사를 일체적 으로 관리한다는 것은 이제껏 전례가 없다고 생각합니다.

모리: 역 주변의 매우 좁은 범위에서 다양한 공 사가 동시 진행되기 때문에 야간 공사 시간대 의 매니지먼트가 큰 포인트였습니다. 어려운 부분도 있었지만 1년 앞을 예측하여 매니지먼 트했기 때문에 각 사업의 공사가 원활하게 진

행되었다고 생각합니다.

시노즈카: 철도 사업자나 국토교통성의 도쿄 국도사무소 등의 공공성이 높은 사업자가 중요 멤버였기 때문에 실현할 수 있었을지도 모르겠습니다. 저도 초기부터 운영을 도왔습니다. 사업자가 자신들 사업뿐만 아니라 전체를 생각하는 바로 '팀 시부야'라는 분위기가 있어서 가능했습니다.

아리카와: 시부야구도 설립 취지를 이해했기에 원활히 협의할 수 있었습니다. 예를 들면, 시부야구가 관리하는 흡연 장소가 역 주변에 10곳, 공중 화장실이 역 동서에 하나씩 있어 가설 역사를 세우려면 이것들을 건드리지 않고서는 할 수 없었습니다. 이때 도쿄국도사무소도 회의 멤버 관계자로 참가해, 하나가 되어 대응해 나아가자는 제안을 CM회의에서 했습니다.

코와키: CM회의의 흥미로운 점은 평소대로라면 행정인 도쿄국도사무소와 각 사업자가 협의하는 형태인데 이번엔 도쿄국도사무소도 사업자의 일원으로 참가했다는 것입니다. 모두가 같은 방향을 보고 최적의 방법을 찾았기 때문

에 잘 진행된 것 같습니다.

시노즈카: 코와키 씨는 니켄세케이와 함께 컨설턴트로서 사무국을 서포트하고 있습니다. 그렇지만 사실은 CM회의가 시작되기 전인 2013년 2월의 교통대책검토회의부터 참여하고 있었습니다.

코와키: 네. 원래 각 사업자가 제휴하게 된 계기는 교통 관리자로부터 받은 심각한 질문이었습니다(웃음). A사가 공사할 때 도로 한 개를 통제하고 싶다고 말하고, 그 옆에서 공사를 하는 B사도 마찬가지로 다른 도로 한 개를 통제하고

아리카와 사다히사
JR동일본

SHIBUYA PEOPLE

CM회의의 포인트는
민관 제휴 플러스,
컨설팅에 있어

싶다고 요구했습니다. 교통 관리자는 "각 회사는 한 개의 도로일지 모르지만 사용자 관점에서는 여러 도로가 막히는 것입니다. 이런 상황을 어떻게 해야 할까요?"라는 질문이었습니다.

모리: 평상시는 다른 사업의 움직임을 읽을 수 없기 때문에 공사 기간을 짧게 잡습니다. 하지만 뚜껑을 열어보면 생각대로 진행되지 않는

것이 대부분입니다. 이 프로젝트에서는 관계자끼리 잘 매니지먼트하면서 협력함으로써 어떻게든 예정대로 일정에 접근할 수 있었습니다.

시라코: 가령 CM회의가 없었다고 해도 각 회사 간에 조절은 했을 것으로 생각합니다. 단지 정기적인 회의를 통해 각 사업자의 움직임이 확실해지고 언제까지 무엇을 해야 할지가 명확해진 것이 시부야 재개발의 추진력이 된 것은 틀림없습니다. 늦으면 어떻게 될지 알기 때문에 그에 대한 스트레스도 있었습니다(웃음).

'비전'과 '웹'으로
공사 모습을 구체화한다

시노즈카: 시부야역 중심지구 지역만들기 매니지먼트 회의 부좌장인 나이토 히로시 씨는 "10년, 20년도 공사를 하면 시부야에 아무도 찾아오지 않기 때문에, 공사 중에도 홍보를 확실히 해야 한다"라고 했습니다. CM회의에는 공사 매니지먼트 외에 재개발의 홍보를 담당하는 역할도 있어 2014년에는 홍보를 위한 시설을 설치하려는 움직임이 활발해졌습니다.

코와키: 최초로 한 것이 도쿄메트로의 '메트로·스나치카' 시찰입니다. 미나미 스나마치역 개량 공사 내용을 연표나 디오라마로 소개하는 시설이었습니다.

아리카와: 홍보를 위해서 이런 것까지 하는 것에 대해 대단하다고 생각했습니다. 확실히 돈을 써야 하는 곳이 어떤 곳인지를 포함해서 말이죠.

시노즈카: 시라코 씨는 '인포박스'의 설치에는 상당히 정성을 쏟았었지요.

시라코: 힘이 너무 들어가서 들떠 있었습니다(웃음). 그도 그럴 것이 나이토 씨 등 전문가들로부터 공사 홍보에 대해 이야기를 들었을 때 확실히 지금까지 도쿄메트로가 해 온 훌륭한 일이라고 느꼈습니다. 그래서 전력을 다하고 싶었습니다.

SHIBUYA PEOPLE

한 사업만 제 시간에 맞춘다고 해서 성공하는 것은 아냐

시라코 신스케
도쿄메트로

시노즈카: 설치하는 장소 후보를 10여 곳에 내놓고 검토를 진행했습니다.

모리: 지하 광장을 제안했을 때 법률적인 제약

이 있어 어렵다는 말을 들은 적도 있습니다. 최종적으로는 소방이나 건축적인 제약 때문에 박스를 만들어 전시하는 것이 어렵다는 것이었습니다.

시노즈카: 결국 시부야히카리에로 이어지는 2층 데크에 'SHIBUYA INFO VISION'을 설치해, 각 회사가 40초 분량의 동영상을 만들어 틀었습니다. 그것이 2016년 2월입니다.

시라코: 박스형 홍보 공간은 견학하는 사람들이 안으로 들어가야 했지만, 비전은 멀리서도 볼 수 있었기 때문에 오히려 PR하기 쉬웠습니다. 결과적으로 좋은 홍보 수단이 생겼다고 생각합니다.

코와키: 감독 관청은 '사람들이 모여드는 통로라 정체가 생기면 안 됩니다'라는 지적을 했지만, '걸어가면서 보기 딱 좋기 때문에 괜찮습니다'라고 설득했습니다. 대신 영상에 QR코드를 넣어 긴 동영상을 볼 방법도 도입했습니다.

아리카와: 그 외에도 트위터나 페이스북 등 SNS에도 시도했지만, 역시 홍보는 쉽지 않다는 것도 실감했습니다.

코와키: 2016년 말에는 시부

야강을 따라 컨테이너를 설치하고 카페형 홍보 시설을 설치하여 패널이나 동영상을 이용해 홍보했습니다. 2019년 3월에는 도쿄국도사무소 제안으로 웹 사이트 'Shibuya Info Box'를 개설했습니다. 시부야의 변화와 미래 비전과 모습을 전하고 있습니다.

사람이 바뀌어도 데이터와 과정은 계승된다

시노즈카: 지금까지 CM회의를 계속했는데 변화가 있었습니까?

코와키: 저는 계획 검토나 협의 매니지먼트를 전문으로 하는 컨설턴트이기 때문에 계획 단계에서 저의 역할이 서서히 줄어들 것으로 생각

했습니다. 그렇지만 사업이나 공사와 병행해 지속적으로 계획을 이야기하고 있어 빠질 적기를 찾지 못해 아직도 계속 참여하고 있습니다(웃음). 예를 들면 관계자가 바뀌어도 곧바로 친숙해진다는 것은 좋은 분위기가 유지되는 걸 보여주는 것 아닐까요?

아리카와: CM회의 외에 사업자끼리 연계하는 구조가 없기 때문입니다. 그러니까 후임에게 "한 회사만으로 매니지먼트할 수는 없으니 힘들 땐 울어도 되지만, 대신 견뎌야 할 땐 견뎌라!"라고 말하고 있습니다.

코와키: 만약 CM회의가 없으면 어떻게 되었을지 모르겠습니다. 다만, 처음에는 행정의 다양한 요청에 각 사업자가 개별적으로 대응했지만, 언젠가부터 CM회의를 통과해야 한다는 흐름이 형성되어 여러 가지 이야기가 원활하게 진행되게 된 것은 확실합니다.

시노즈카: 이 플랫폼이 없었다면 분명히 무엇을 하든지 다시 처음으로 돌아가 비효율적인 토론을 했을 것입니다. 또 교통대책검토회 역시 잘 작동하고 있습니다.

코와키: 교통대책검토회가 시작된 것은 2012년으로 CM회의보다 빠릅니다. 처음에는 역 도시 구획 정리 공사에 관련된 협의를 하기 위해

교통 관리자에게 갔을 때 "이렇게 공사가 겹치기 때문에 사업자를 정리하지 않고 개별 협의를 해서는 잘 진행할 수 없다"라는 말을 들었습니다.

시노즈카: 사업자가 따로따로 협의하러 오니 "잠깐 기다려주세요"라는 말을 들었습니다.

코와키: 교통 관리자 측으로서도 처음이었기 때문에 모두가 고생한 기억이 있습니다.

시라코: 제가 참가했을 때는 이미 검토회가 있어서 여러분처럼 고생한 기억은 없습니다. 공사에서도 평소라면 방대한 교통량 조사가 필요하게 되는데 검토회 덕분에 개별적으로 실시하는 조사가 상당히 줄어들어 일이 수월했습니다.

코와키: 그만큼의 데이터를 정리해 놓은 것도 많은 사업자가 관련되었기 때문일지도 모릅니다. 게다가 공사 허가 신청을 한다고 해도 '어떤 조사를 하면 좋은가'라는 질문에 그 데이터가 기초가 되기 때문에 의사결정이 빨라집니다.

시노즈카: 민관이 연계된 것도 크다는 생각이 듭니다. 일반적으로는 각 사업주가 개별적으로 공사를 발주하고 개별적으로 협의하면 시간이 길어지거나 아니면 담당자가 바뀌는 일도 일어납니다. CM회의 같이 공사에 관련된 데이터나 협의 과정을 확실히 기록하고 계승하는 사례는

좀처럼 없습니다.

시라코: 이 과정에 니켄세케이나 퍼시픽 컨설턴트가 들어간 것도 중요했다고 생각합니다. 토목 공사의 경우, 컨설턴트가 얽히는 것은 실시 설계까지고 실제로 공사가 진행된 이후에는 함께 진행하는 것은 거의 없는 것이 대부분이었기에 매우 신선했습니다.

아리카와: 저는 민관 연계 플러스 컨설턴트입니다. 한 사업자만으로는 상상할 수 없는 부분을 지적하거나 조절합니다. 10년, 20년 겹쳐 쌓은 노하우가 있습니다. 그래서 이번 일에 도움이 되었습니다.

2020년이라는 큰 고비와
그 앞의 재개발을 바라보며

모리: 각 사업을 거듭하면 공사 기간이 늦어지는 것은 당연하지 않습니까? 하지만 착공 후 지금까지 그렇게 큰 지연이 나오지 않았던 것은 순조로운 매니지먼트 덕분입니다.

아리카와: 신문에서 '도큐백화점 토요코점, 2020년 3월에 폐점'이라는 것을 보았을 때 지금까지 오랜 시간 관여한 일이 예정대로 잘 진행되었음을 실감했습니다. CM회의나 교통대책검토회 덕분에 여기까지 온 것입니다.

모리: 오랫동안 관여해 온 가운데 2020년은 큰 고비였습니다. 몇 년 걸어온 길에 이제야 꽃이 핀다고 할까요? 여러 사람이 이곳을 사용하는 시간이 드디어 왔다는 것이죠. 한편, 시부야 재개발은 동쪽에서 서쪽으로 이동하여 아직도 계속되고 있습니다.

시라코: 자신들의 사업만이 시간 내에 성공했다라고 할 수 없다는 것이 시부야 재개발 전체에서 공유되고 있다고 생각합니다. 당사뿐만이 아니라 모든 사업이 여러 과정에 의해 완성되었다는 것은 솔직히 기쁩니다.

아리카와: 앞으로의 개발은 지금보다 더 힘들 거라고 생각합니다. 저는 밖에서 지켜보는 입장이었습니다. 9개 사업자가 협력했고 때로는 싸움도 하면서 여기까지 올 수 있었다는 것을 이제는 다른 관점에서 이야기하고 싶습니다.

SHIBUYA PEOPLE

각 사업이 원활하게 진행된 것은 1년 앞을 내다보고 조정한 덕분

모리마사 히로
도큐

코와키: 지금까지 그림으로 그려 온 것이 현실화되고 모두가 사용하는 순간을 맞이할 수 있다는 것이 기쁩니다. 시부야역 주변 재개발이 완성되는 모습은 아직 상상할 수 없지만, 그 순간을 실제 맞이한다면 울지도 모르겠습니다(웃음).

시노즈카: CM회의 같은 수법은 도시 재생에서도 필요하다고 알려졌고 해외의 주목도도 높습니다. 우선은 지금까지 축적한 지식이나 경험을 앞으로 진행되는 시부야 서측 재개발에 살려 가려고 합니다. 이 방식이 도쿄 전체나 해외에도 퍼져 나간다면 이보다 멋진 일은 없을것이라 생각합니다.

아리카와 사다히사
JR동일본 시나가와 대규모 개발부 담당 부장
1990년, 츠쿠바 대학 제3학군 사회공학류 도시계획 전공 졸업 후, 동일본 여객철도에 입사.
주로 역 개량에 관한 자치체·철도 사업자·개발 사업자 등과의 협의·조정 업무에 종사해 지금까지 도쿄역, 신주쿠역, 요코하마역 등의 개량 계획이나 공사 담당.
시부야역에는 계획·설계 단계였던 2012년부터 공사가 본격화되는 2018년까지 몸담았다.

시라코 신스케
도쿄메트로
1972년생, 1995년 제도고속도교통영단(현 도쿄메트로) 입사.
토목 기술자로서 난보쿠선·한조몬선·부도심선 등의 신선 건설 공사에 종사. 부도심선에서는 시부야역의 담당으로서 설계·시공 관리에 종사했다. 2014년부터 시부야로 돌아와 긴자선 시부야역 이전 공사 담당, CM회의에도 참가. 2020년 1월 역 이전을 현장소장으로 수행하였다.

모리마사 히로
도큐 교통 인프라 사업부 인프라 개발 그룹 주사
1994년 도쿄 급행 전철(현 도큐) 입사. 2001년부터 도요코선 시부야~다이칸야마 간 지하화 계획, 도요코선 시부야 지하역 건설 공사 담당, 2008년부터 2019년까지 시부야역 가구 토지 구획 정리 사업에 종사하고, 현장 착수 후에는 공동 시행자 사무소의 소장으로서 사업 관리와 히가시구치의 현장 관리 담당.
현재는 홋카이도 7개 공항의 운영 관리를 담당하고 있다.

코와키 리츠지 프로필은 085쪽에
시노즈카 유이치로 프로필은 097쪽에

민관이 연계하고 옥외 광고 규제 완화를 시작으로 시부야역 앞 지역 룰 만들기에 힘써 온 일반사단법인 시부야 역 앞 에리어매니지먼트. 일반사단법인 에리어매니지먼트 아키모토 타카지와 카쿠 요이치로, 실증 실험을 서포트하는 오사카 대학 조교수 후쿠다 토모히로와 니켄세케이 후쿠다 타로, 카네유키 미카가 대형 디지털 전광판 '시부야스크램블스퀘어 비전'을 설치한 경위를 되돌아보았다. 엔터테인먼트에서 태어난 새로운 시부야 지역 만들기란?

SHIBUYA

MANAGEMENT

TALK-08

에리어매니지먼트가 그리는
새로운 시부야를 만드는 방법

옥외 광고에 디지털 전광판, '동심으로' 도시를 연결

아키모토: 시부야스크램블스퀘어나 시부야후쿠라스, 시부야스트림에 대해서 도시재생 특별 지구 제안이 있었던 것이 2013년입니다. 그때 에리어매니지먼트협의회 이야기가 나와 설립 준비를 진행하는 시기에 참여했습니다. 그 무렵에 무엇을 할지는 거의 정해져 있었습니다. '오, 지역 만들기다!'라고 느낀 것을 기억합니다.

카쿠: 저도 중간부터 참여했습니다. 빌딩 사업자, 구획 정리 시행자, 국가, 도시, 구 등이 참가하는 멤버 모두가 시끌벅적 논의하는 것에 놀랐습니다.

카네유키: 그 무렵은 일본내에 에리어매니지먼트 사례가 그다지 없었습니다.

카쿠: 처음에는 '전체적인 매니지먼트를 하면 시부야만의 개성이 없어진다'는 의견도 있었습니다만 도시 기반 사업은 꾸준히 진행되기 때문에 유지 관리를 어떻게 할지가 큰 과제였습니다.

아키모토: 시부야다운 전략으로 홍보를 강화하고 광고 수익을 얻고 그것을 지역만들기에 환원하자는 생각이 있었습니다. 이것이 시부야 에리어 매니지먼트 활동의 촉발점이 된다는 마음으로 묵묵히 진행했습니다.

카네유키: 그 후, 2015년에는 '일반사단법인 에리어매니지먼트'가 설립되어 옥외 광고물 조례나 경관 조례 완화를 목표로 광고 게시 실험을 실시했습니다.

카쿠: 더 나아가, 시부야 '마치비라키(시설 오픈)'가 행해진 2019년 11월에는 시부야역 동쪽 출구 지하 광장도 함께 개장했습니다. 시부야강이나 동쪽 출구 앞 광장, 버스 승강장 아래에 펼쳐지는 공간으로 홍보나 관광 안내 기능이 있는 카페나 버스 안내소, 코인 로커를 설치하여 시민을 반갑게 맞이할 공간을 만들었습니다.

후쿠다(타): 노출 콘크리트의 소재감이 압도적인 대공간입니다. 지상의 역 앞 광장이 정비 중인 상황이라 귀중한 오픈 스페이스가 되었습니다.

아키모토: 시부야 역 동쪽 출구 지하 광장 벽면

시부야를
뉴욕 타임 스퀘어
못지않은 곳으로

아키모토 타카지
시부야역앞에리어매니지먼트

에 옥외 광고를 게시하거나 크리에이터가 캔버스로 사용합니다. 실은 이 공간은 시부야 구도(区道)입니다. 천장 높이가 6~7m이고 '도로지만 도로가 아니다'라는 개념입니다. 제휴하는 공간으로 사용하는 것을 고려했기 때문에 그를 통한 수익은 도로 청소 등에 쓰이는 비용으로 환원할 예정입니다. 민관 제휴로 공공 공간을 활용하는 모범 사례가 될 것으로 생각합니다.

후쿠다(토): 좋네요. 그 밖에 어떤 대처를 하고 있습니까?

카쿠: 사업자마다 흩어져 있었던 유도 안내판

을 통일하여 A , B , C , D 4개 존으로 나누어 표기하기로 했습니다. 건물의 위치 관계를 기억하면 각자 가고 싶은 방향을 쉽게 찾을 수 있도록 말이죠.

아키모토: 마치비라키에서는 '아이·러브·뉴욕' 같은 버즈워드(입소문으로 퍼지는 신조어 또는 유행어)를 이미지화해 'HELLO neo SHIBUYA'라는 주제를 내걸었습니다. 이 말을 기준으로 지도를 나누거나 모두 배지를 붙여 안내했습니다.

카쿠: 에리어매니지먼트협의회의 개념은 '동심으로 시부야를 움직여라.' 살고 있는 사람도 새

롭게 시부야에 오는 사람도 모두를 연결하자는 것입니다.

'옥외 광고 규제 완화'라는 과제 해결을 위한 꾸준한 노력과 도전

카네유키: 도시재생특별지구 제안에서 에리어 매니지먼트협의회는 '12개 실행안'을 내걸고 있습니다(149쪽 참조). 이만큼의 메뉴를 자세하게 진행하는 것은 힘들지 않았습니까?

아키모토: 시부야 에리어만들기는 공사 기간이 길기 때문에 나오는 과제를 일단 에리어매니지먼트의 활동 메뉴에 대입합니다. 그렇지 않으면 마무리되지 않기 때문이죠.

후쿠다(토): 광고 전개를 과제로 파악하게 된 것은 언제부터 입니까?

아키모토: 2013년 도시계획 제안 무렵입니다. 시부야라면 광고 수입을 얻을 수 있기 때문에 그것을 지역만들기 재원으로 사용하자는 것이었습니다. 이곳은 도시재생특별지구에 의한 건물이라는 규제가 있으니, 그 규제를 완화하기 위해 노력했습니다.

후쿠다(타): 완화가 필요한 또 하나의 규제는

경관 조례입니다. 도시재생특별지구 등을 활용한 대규모 건축물은 지반으로부터의 높이 10m 이하에만 광고를 설치할 수 있습니다. 또 하나는 옥외 광고물 조례입니다. 이 조례는 52m 높이까지 설치할 수 있습니다. 게시 규모가 100㎡ 이하여야 합니다. 특히 경관 조례는 다이마루 지역 같은 대규모 건축물군을 대상으로 한 규칙이기 때문에 시부야에는 맞지 않았습니다.

카쿠: 처음에는 광고 자체를 논의했습니다. 행정은 도시재생특별지구에 어울리는 상업색이 강하지 않은 광고를 게시하려는 생각이었지만, 저희는 오히려 상업적인 역할에 충실한 광고가 아니면 의미 없다고 생각했습니다.

아키모토: '시부야의 특징은 무엇인가?'라는 이야기가 시발점이었다고 생각합니다. 스크램블 교차로 주변에는 다양한 광고가 있고 그것을 바라보는 외국인도 많습니다. 만약 그것이 시부야다운 것이라면 상업적인 광고를 진행해 그 비용을 거리에 환원하는 것이 먼저라고 생각했습니다. 그 다음이 환경에 대한 배려였습니다.

후쿠다(토): '환경'이라는 것은 어떤 것을 말하는 것일까요?

아키모토: 시부야다운 모습을 담은 경관, 즉 시부야 각 지역의 특색을 담은 경관을 도시의 환

경에 맞추어 가는 것이 중요하다고 생각했습니다. 에리어매니지먼트협의회는 홍보를 중요하게 생각했기 때문에 우선적으로 논의하고 만든 것이 옥외 광고 지역 룰입니다. 이것이 시부야 에리어매니지먼트에서 중요한 포인트입니다.

카쿠: 모두 이 방향성에 동의했고 이 생각들이 관철되지 않으면 좋은 사업을 만들지 못하기 때문에 절대 타협하지 않았습니다. 시부야구에는 '광고 수입이 이렇게 됩니다', '다른 지역의 고객을 시부야로 오게 하는 것이 중요합니다'라고 설득했습니다. 광고 의뢰인들이 좀 더 손쉽게 접근하고 원하는 광고를 할 수 있게 하기 위해 끈질기게 소통했습니다. 그렇게 초기 조율과 정리에만 1년이 걸렸습니다.

카쿠 요이치로
시부야역 앞 에리어매니지먼트

아키모토: 경관 행정은 도시정비국 관할이고 다른 한편 건설국이 소유하는 도로이기도 하기 때문에 도쿄도와 제휴하는 것이 어려웠습니다. 각 관할에 가서 이야기해도 '시부야에서 에리어

매니지먼트?'라는 반응이 많았습니다(웃음). 결국 끊임없는 설득 끝에 도쿄도도 사업을 관리할 수 있는 일반사단법인을 만들어 광고 사업을 하기로 결정했고 2015년에 일반사단법인 에리어매니지먼트를 설립했습니다.

후쿠다(타): 그것을 시작으로 시부야역중심지구디자인회의(이하, 디자인회의)에서 광고 규제 완화를 위한 논의가 시작되었습니다.

아키모토: 나이토 히로시 씨도 "중요한 일이기 때문에 해야 한다"라고 말해 우선은 공공 공간(시부야역 하치코광장) 구조 만들기를 실시한 뒤, 빌딩 벽면을 조정하게 되었습니다. 그러나 민간 부지에는 기존 광고 규칙이 있기 때문에 이것도 조절하기 힘들었습니다.

후쿠다(타): 일반사단법인 에리어매니지먼트는 물론, 사업자, 행정가, 분야 전문가조차 처음 해보는 일이기 때문에 시행착오의 연속이었습니다.

아키모토: 옥외 광고 규제 완화라는 과제를 '경관으로 풀지', '광고로 풀지'에 대한 부분이었습니다. 디자인회의에는 전문가들이 참여했기 때문에 매회 두근두근한 마음으로 참가했습니다(웃음).

카네유키: 도시 경관이 이렇게 떠들썩하게 된

것은 최근의 일이군요.

후쿠다(타): 시부야역 주변 지구에는 '특정구역 경관형성지침'이라는 도쿄도 중에서도 특별한 룰이 있었습니다. 옥외 광고가 시작이지만, 원래 시부야 경관, 특히 '야경'이 어떤 모습으로 있어야 하는가를 다시 논의했습니다. 최종적으로는 시부야구도 시부야다운 긍정적인 생각으로 지침을 개정했습니다. 2018년이 되어서야 민관이 힘을 합쳐 진행하게 되었습니다.

디지털 전광판의 사회 실험을 새로운 시부야를 만드는 첫걸음으로

카네유키: 후쿠다 선생이 시부야스크램블스퀘어 비전의 실증 실험에 참여한 계기는 무엇입니까?

후쿠다(토): 니켄세케이 후쿠다 씨가 저를 찾아 주셨습니다. 틈새 분야인데 말이죠(웃음).

후쿠다(타): 디자인회의의 멤버는 건축가나 도시계획 전문가가 많아 주변 환경에 대한 디지털 전광판의 영향을 판단할 수 있는 감각이 없었습니다. 그때, 후쿠다 선생이 디지털 전광판의 눈부심, 호감, 불쾌감 등의 감각을 연구하는 것을 알게 되어 연락한 것이 시작이었습니다.

후쿠다(토): 그 무렵 오사카부와 오사카시 디지털 전광판에 관련된 기준을 만드는 데 도움을 주었습니다. 어두운 방안에 5·4×3m 전광판을 실제로 설치하고 피시험자를 50명 정도 모아 실험했습니다. 휘도를 조금씩 바꿔서 어떤 밝기에 눈부시다고 느끼는지, 불쾌하다고 느끼는지 조사했습니다.

후쿠다(타): 시부야의 경우, 디자인회의나 도쿄도 경관심의회, 광고심의회에서도 일정한 설명은 하고 있습니다. 하지만 마지막 한 방이 부족하다고 할까요. 행정이나 전문가도 더는 계획을 진행하지 못하고 있었습니다.

아키모토: 뭐니뭐니 해도 시부야 전광판은 2면을 합쳐 약 780㎡라는 전례 없는 일본 최대급의 크기입니다.

후쿠다(토): 유명한 오사카 도톤보리의 Glico 광고 크기도 200㎡이기 때문에 시부야는 역시 규모가 달라 대단하다고 생각했어요.

카쿠: 크기도 크기이지만 더 놀라운 것은 형태가 역삼각형입니다.

후쿠다(타): 실증 실험 전에는 VR나 경관 몽타주 등을 사용해 거리에서 보이는 모습에 관한 시뮬레이션을 했습니다..

후쿠다(토): 일반적인 VR이라면 평가에서 중요한 부분인 '눈부심'을 전혀 체크할 수 없습니다. 그 때문에 실물로 실험하는 편이 좋지 않을까라고 이야기했습니다.

아키모토: 디자인회의에서 실험 계획서가 승인된 것이 2018년 가을이었고, 실증 실험한 것이 2019년의 6월입니다.

후쿠다(토): 이 실험은 시부야뿐만 아니라 도쿄도 전역에 관련된 기준이 될 중요한 것입니다. 그래서 왜 시부야에서 이렇게까지 할까에 대한 명확한 근거가 필요했습니다. 이런 실험을 하면 경우에 따라서는 전철의 신호가 보이지 않을 가능성도 있어 신중해야 했습니다. 이번에 3개 철도 회사가 참여했는데 협력을 얻은 이유는 무엇입니까?

아키모토: 실험의 목적이나 방법을 꼼꼼히 논의해 준비할 수 있었던 것이 좋았다고 생각합니다. 에리어매니지먼트협의회에서 최초로 옥외 광고물 지역 룰을 만들고 나서 5년 정도 실제로 해본 결과, 드디어 틀이 갖춰지는 느낌입니다.

후쿠다(토): 에리어매니지먼트협의회가 적극적으로 움직여서 행정으로서는 고마워하지 않을까요?

카네유키: 모두 긍정적으로 받아들여 실증 실험 중에도 두근두근하는 마음으로 보았습니다.

아키모토: '엔터테인먼트 도시다운 모습이 되었다'라는 말을 들었습니다.

후쿠다(타): 전광판에 나오는 작품 공모도 하고 있었습니다. 역삼각형 형태도 크리에이터의 마음을 유혹했을 것입니다. 빌딩의 두 면에 디스플레이가 있고 3차원적으로 사용할 수 있는 것도 흥미를 가지게 할 큰 요소입니다.

후쿠다(토): 그런데 전광판에 나오는 콘텐츠 심사는 어떻게 하고 있습니까?

카쿠: 저희는 시부야스크램블스퀘어비전의 심사 같은 흐름을 이미 시부야역 하치코광장 옥외 광고에서 실시했습니다. 우선 에리어매니지먼트협의회의 심사 룰에 맞는지, 해가 거듭될 때마다 전문가가 룰의 재검토를 심의하는 형태입니다. 제약 조건에 대한 사전 조정도 없고 자

유롭게 논의한 것도 중요한 점입
니다.

아키모토: 여러 사람과 함께하는
정말 거대한 사회 실험, 그 결과가
지금부터 시부야의 지역만들기에 계승되어 사
회에 환원될 수 있으면 좋겠다고 생각합니다.

후쿠다 토모히로
오사카대학

SHIBUYA PEOPLE
시부야에서의 실증실험은
도쿄도의 기준이 되는
중요한 것

'전례 없는 지역만들기'에 대한
도전은 앞으로도 계속될 것

카네유키: 앞으로도 지역만들기는 계속됩니다.
마지막으로 앞으로의 기대를 말씀해주세요.

카쿠: 제가 생각하는 것은 시부야의 공공 공간
을 깨끗하게 유지하는 것, 알기 쉬운 동선을 만
드는 것입니다. 그러려면 재원을 만들어야 하
고 그 재원을 만들려면 좋은 광고, 좋은 전광판
을 만들어야 합니다. 결국, 그것이 시부야 에리
어매니지먼트에 연결된다고 생각합니다.

후쿠다(토): 저는 역시 시부야다운 야간 풍경
이나 미디어 환경이 어떻게 만들어지는지에 관
심이 많습니다. 다만 다른 지역에서 하는 것을
따라하는 것이 아니라 시부야만의 매력을 어떻
게 보여줄지가 열쇠입니다. 시간이 지날수록

팬도 늘어날 것이며 '다음번에는 이렇게 하는
것이 더 좋지 않을까?'라는 제안들도 생겨날 것
입니다.

아키모토: 시부야는 도심의 멋진 이미지가 있
고, 거리의 사람들은 의외로 서민적인 매력이
있습니다. 그러니 오히려 일반사단법인 에리어
매니지먼트가 허브가 되어 지역의 사람들과 확
실하게 연결해 가고 싶습니다. 예를 들어 여름
에 SHIBUYA109 앞에서 열리는 '전통 춤 대회'
같은 행사 등으로 교류하면 좋을 것 같습니다.

카쿠: 저는 책임자로서 현장에 있었습니다. 현
장이 언덕이기 때문에 북을 두드릴 때마다 야
구라(나무를 짜서 높게 만든 무대)가 흔들리고, 가
슴이 조마조마합니다(웃음). 그렇지만 도로를
개방해서 활기가 매우 넘쳐 보기 좋습니다.

아키모토: 역시 실제로 외부에서 엔터테인먼
트를 즐기는 것이 중요합니다. 시부야에 그러
한 풍경이 있다는 것을 세계에 알리고 싶습니
다. 언젠가는 뉴욕의 타임 스퀘어에 뒤지지 않
는 장소가 되어주면 좋겠습니다.

후쿠다(타): 건축, 기반 시설, 철도가 이만큼 제휴한 사례는 지금까지 없었다고 생각합니다. 게다가 다양한 빌딩이 세워져 퍼블릭 스페이스가 풍부하게 만들어진 도시의 운영·관리라는 측면도 주목받고 있습니다. 어려운 과제도 많지만 시부야라는 세계가 주목하는 장소에서 여러분과 함께 일할 수 있어 매우 영광이고 가능하면 앞으로도 계속해서 새로운 도전 과제를 말해 주시면 좋겠습니다(웃음).

아키모토 류지
도큐프로퍼티매니지먼트 PM사업부 차장
도큐 입사 후 미디어 기획 운영이나 시부야히카리에, 도큐 시어터 오브 개업에 종사. 2013년부터 시부야역 주변 개발에 수반하는 시부야역 앞 에리어매니지먼트 설립에 종사해, 민관 제휴의 SHIBUYA+FUN PROJECT 추진. 2020년부터 역 구내 상업시설 운영 관리나 전원 도시선 지하구간 리뉴얼 프로젝트 담당.

카쿠 요이치로
도큐 시부야 개발 사업부 지역 관리 담당
2015년부터 도큐 시부야 개발 사업부에서 시부야역 앞 지역 관리 담당. 에리어매니지먼트 광고 사업, 도로 점용 사업의 구조 만들기를 다룬다. 그 외 시부야의 연말 카운트다운이나 시부야구의 할로윈 대책에 종사, 지역의 과제 해결을 위한 구조 만들기도 다루고 있다.

후쿠다 토모히로
오사카대학 대학원 공학 연구과 조교수·박사(공학)
오사카대학 대학원 공학연구과 환경공학전공 박사 후기 과정 수료환경설계정보학을 전문으로 하며 XR, AI, BIM 등 선진 디지털 기술을 환경·도시·건축·토목공학에 응용하고 있다. CAADRIA 국제학회 펠로. 주요 저서로 『도시와 건축 블로그 총람』 시부야 에리어매니지먼트 등 환경·기술 평가에 관한 어드바이저에 종사.

후쿠다 타로
니켄세케이 도시 부문 디렉터
니켄세케이 입사 후, 국내외의 어반 디자인이나 워터프런트 등 유휴지 활용 검토 등에 종사해 최근에는 시부야·신주쿠·도라노몬 등을 필드로 한 TOD(역·도시일체개발) 프로젝트 컨설팅, PPP(민관연계)에 의한 법규제 완화·지역 매니지먼트 컨설팅 등 폭넓게 활동.

카네유키 미카 프로필은 059쪽에

SoftBank =5G

JR 渋谷駅 shibuya station

侍魂
SAMURAI SPIRITS
オンライン
朧月伝
超大型江戸剣劇　ここに開幕！

JR ハチ公改札

시부야와 미래
SHIBUYA × FUTURE

시부야구가 내세우는 '다이버시티와 인클루전(다양성과 포용성)'으로 만들 새로운 지역만들기 플랫폼. 2018년에 설립된 시부야 미래디자인이 연계한 교차점에서 행해지는 다양한 프로젝트. 퓨처 디자이너나 시부야구 청장과의 대화에서 나타나는 미래의 시부야, 그리고 미래 지역 만들기란?

제1장부터 제4장까지 이 지역에 관련된 다양한 사람들과 대화하여 '시부야 모델' 지역 만들기에 대해 알아보았다.

어쨌든 '지역만들기'나 '재개발'이라고 하면 아무래도 역 앞에 있는 상업시설이나 타워 맨션이라는 건물에 눈길이 가지만, 당연히 도시는 '큰 건물'만으로 되어 있는 게 아니다. 게다가 코로나19 때문에 우리는 도시 자체에 대해 의문을 품게 되어 단지 편리한 것만으로는 사람은 모이지 않는 시대가 되었다.

미래의 도시에 빠뜨릴 수 없는 것은 중심부의 편리성이 높은 큰 건물과 주변부에 있는 개성 있는 작은 건물을 이어주는 '중간의 존재'이다. 예를 들어 제3장에서 접한 도로나 광장이나 공원 같은 퍼블릭 스페이스가 그런 존재다. 그러한 장소에서 일어나는 역동성을 어떻게 디자인해 나아가는지, 또 어떻게 하면 '그 지역에 가고 싶다!'라고 유도할 수 있는지가 중요하다.

그런 지역 만들기에서 '중간의 존재'라고도 할 플랫폼이 일반사단법인 시부야 미래디자인이다. 키워드는 '다이버시티와 인클루전'이다. 시부야에 사는 사람, 일하는 사람, 배우는 사람, 방문하는 사람 등 다양한 사람들의 아이디어나 재능을 활용해 기업이나 개인이라는 영역을 넘어 함께 도시를 만들어 나가는 것이다. 도시의 모든 장소에서 실험하고 지역 만들기의 새로운 모델을 만드는 것이다. 시부야 미래디자인은 오픈 이노베이션(open innovation)에 의해 사회 과제 해결과 도시의 가능성을 디자인하는 민관산학 연계 조직으로서 2018년에 설립되었다.

시부야미래디자인이라는 플랫폼은 왜 태어났을까?

시부야구에서는 당시 하세베 켄 구청장을 주축으로 시부야에 모이는 기업이나 사람의 힘을 활용한 지역만들기 조직이 필요한 게 아닐까 하는 논의가 있었다. 그러나 행정과 개발 사업자가 주도하는 지역만들기는 건물을 건설하고 도로를 정비하는 것과 같이 아무래도 하드웨어에 치우치게 된다. 그 때문에 조직 설립은 지역만들기 전문가 뿐만 아니라 다양한 분야에서 활약하는 사람들과의 의견 교환이 이루어졌다.

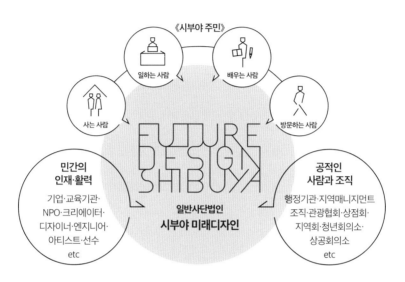

차이를 힘으로 바꾸는 지역. 시부야구
시부야에 모이는 다양한 개성과 함께 실현하는 이노베이션 플랫폼

시부야구의 지속적인 발전으로 연결되는 7가지 분야 디자인

비전
다양성 넘치는 미래를 향한 세계 최전선 실험도시 '시부야구'를 만든다.

미션
시부야구에서 도시의 가능성을 디자인한다. 물건, 일, 서비스, 콘텐츠, 테크놀로지, 크리에이티브, 디자인…. 시부야구 전역을 필드로 다양한 어프로치에서 기업·시민과 함께 가능성 개척형 프로젝트를 추진한다.

시부야미래디자인 조직도/조직 개요

그래서 행정이 주도하는 이전 같은 형태의 조직으로는 진정한 의미로의 혁신은 만들어 낼 수 없는 게 아닌가? 그보다 시부야에 모이는 기업이나 사람의 힘을 활용해 지역의 문화만들기로 접근하는 혁신적인 조직이 필요한 것이 아닌가? 하는 문제의식을 가지게 되었다.

행정만으로도 민간만으로도 실현할 수 없는 다양성이 넘치는 혁신 플랫폼. 알기 쉽게 설명하면 시부야에 관련된 사람들이 움직이는 계기를 만들고 새로운 시부야다움을 실현하는 조직, 혹은 도시에 부가가치를 만드는 조직이라고 해도 좋을 것이다.

2021년 6월, 시부야 미래디자인 파트너 기업과 회원 기업은 개발 사업자나 개발자는 물론, IT, 콘텐츠, 패션, 식품, … 등 80개 회사 이상이다. 그 밖에도 시부야구 맴버이자 다양한 분야의 전문가, 혁신적인 사업 방향성을 제안해 어드바이스할 '퓨처 디자이너'가 프로젝트 시작부터 실증 실험까지 참여하고 있다.

시부야라는 도시에서 실험한 것을 세계에 알리고 최종적으로 사회 전체의 지속적인 발전으로 연결하는 것이 목표이다.

관광 자원이며 혁신의 계기인 도시 축제 'SIW'

설립 후 가장 먼저 임한 것은 2017년에 시부야구 관광협회가 시작하던 'DIVE DIVERSITY SUMMIT SHIBUYA 2017'. 이는 시부야에서 도시의 가능성이나 사회에 대해 배울 수 있고 새로운 서비스에 접할 수 있는 이벤트이다. 이 이벤트를 시부야 관광 자원으로서뿐만 아니라, 혁신의 계기가 되는 도시 페스티벌로 키우고 싶다고 생각했다.

덧붙여, 2015년에 하세베 구청장이 책정한 '시부야구 기본 구상'의 슬로건은 '차이를 힘으로 바꾸는 지역, 시부야구'였다. 이 슬로건의 핵심은 시부야 미래디자인 키워드인 '다이버시티&인클루전'이다. 시부야다움을 어떻게 21세기형으로 업데이트해 나갈지가 주요 테마였다.

모델은 미국의 텍사스주 오스틴에서 행하는 복합 페스티벌 '사우스 바이 사우스 웨스트(SxSW)'와 오스트리아 린츠에서 행하는 미디어 아트 이벤트 '알스 일렉트로니카'이다. 이러한 도시와 문화에 입각한 새로운 이벤트를 만들어 전 세계에서 사람들이 배우고 관광하러 오고 나아가 기업 투자가 모여 성숙한 도시를 만드는 엔진이 되는 것이 없을까 모색했다.

2018년 다이버시티 정상회의는 소셜 디자인을 테마로 한 도시 페스티벌 'SOCIAL INNOVATION WEEK SHIBUYA(이하 SIW)'로 다시 태어났다.

기간 중에는 시부야의 다양한 장소에서 '도시·지역만들기', '소셜 굿', '테크놀로지' 등을 테마로 다양한 사람이 말하는 토크 세션 'Conference'를 행하는 것 외에도 사회를 보다 좋은 방향으로 이끄는 아이디어와 액션을 표창하는 'Award'에 참가하는 사람들이 교류할 수 있는 'Networking', 호기심을 자극하는 체험 프로그램 'Experience'라는

네 가지 프로그램으로 확장하고 있다.

2021년에는 5회째를 맞아 스타일이나 개최하는 의의 등 윤곽이 어느 정도 정돈되었다. 다양한 사람들의 아이디어가 모여 그 아이디어가 서비스나 상품이 되어 점차 큰 흐름을 만들어낸다. 이런 시부야의 콘텐츠는 '미래를 물들이는 아이디어의 제전'으로 계속해서 진화하고 있다.

SOCIAL INNOVATION WEEK

SHIBUYA × FUTURE | PICK UP

「SOCIAL INNOVATION WEEK SHIBUYA(SIW)」에 대해 카네야마 준고가 말하다

국내 최대급 소셜 디자인을 주제로 한 도쿄 시부야의 도시 페스티벌로
SIW의 담당 프로듀서가 말하는 'SOCIAL INNOVATION WEEK SHIBUYA'의 과거, 현재, 미래

SIW의 전신이던 '다이버시티 서밋' 시작의 경위는 무엇인가?

시부야는 도시로서의 브랜드는 있지만 알기 쉬운 관광 자원이 있는 것은 아닙니다. 예를 들면 요요기공원은 좋은 공원이지만, 동물원이나 미술관이 있는 우에노 쪽이 콘텐츠가 더 많습니다. 스크램블 교차로는 솔직히 말하면 사람이 얽히고 설키는 횡단보도고 하치코 동상도 그 장소를 목표로 해서 오는 곳이 아닙니다. 하드웨어적인 관광 자원은 한계가 있기 때문에 소프트웨어적인 문화 자원으로 지역에 혁신을 일으키는 콘텐츠를 만들고 싶었습니다.

이벤트 테마를 왜 '다이버시티'라고 했는가?

'다이버시티'를 아무리 내세워도 단일 민족, 단일 언어에 가까운 일본의 경우 아무래도 성소수자(LGBTQ)나 장애인과 어떻게 공생할 수 있는 사회를 만들어 가는가 하는 점에 아젠다가 집약됩니다. 음악도 있으면, 패션도 있고, 젊은이도 있으면, 샐러리맨도 있습니다. 하는 일이나 생각이 다른, 그러한 다양한 사람들이 섞여 서로 인정할 수 있는 것이 시부야의 매력입니다. 좀 더 큰 시점에서 '다이버시티&인클루전'에 초점을 두면 모두가 자기 실현할 계기가 되지 않을까라고 생각했습니다.

SIW의 개념이나 표적은 무엇인가?

단지 '개성적인 사람들이 모이는 것'이 아니라 '더 나은 사회를 원하는 마음을 가진 사람들이 모이는 것'입니다. 행사 기간은 2주이며, 2018년부터는 'SOCIAL INNOVATION WEEK SHIBUYA(SIW)'라고 이름을 바꿨습니다. 이벤트는 디자인이나 아트라는 주제를 결정하는 것이 보통입니다. 하지만 SIW는 장르가 없습니다. 대상으로 할 세대나 커뮤니티도 결정하지 않았고 그냥 '무엇을 하면 재미있을까?'라는 한

가지로 콘텐츠를 기획하고 있습니다.

행사 5년째를 맞이하는 지금, 느끼는 변화는 무엇인가?

반관반민적으로 일어난 도시 축제이므로 처음에는 '일단 지켜보자'라는 행정 관계자도 적지 않았습니다. 최근에는 다양한 연령층의 일반인이 많이 옵니다. 최근 1~2년은 기업의 문의도 늘었고 '이런 일을 하고 싶다!'라는 제안이 늘어났습니다. 좋은 의미로 '긍정적인 문화 현상을 만드는' 이벤트로 정착해가는 느낌입니다.

SIW는 앞으로 어떤 이벤트를 목표로 하고 있습니까?

이 축제를 계기로 역시 시부야는 재미있으니까 시부야에서 챌린지를 해보거나 새로운 가게나

회사를 만들어 보자고 하는 것처럼 '뭔가를 해보고 싶다!'라는 마음이 든다면 그 자체로 매우 기쁠 것 같습니다. 그 마음 자체가 관광 자원이라고 할까요? 시부야다움이라고 할까요? 저는 원래 시부야를 아이들의 '고향'으로 하고 싶다는 마음으로 지역 만들기 활동을 시작했고, SIW가 고향 시부야를 대표하는 이벤트로 발전하기 바랍니다.

카네야마 준고

덴츠, OORONG-SHA, apbank의 사업개발 프로듀서를 거쳐 크리에이티브 아틀리에 TNZQ 설립. '클라이언트는 사회과제'라는 스탠스에서 다양한 크리에이터, 디자이너, 아티스트와 기업과의 공동창작으로 사회 과제 해결형 크리에이티브 프로젝트를 추진. 2016년부터 일반재단법인 시부야구 관광협회 대표이사를 맡고 있다.

SHIBUYA PEOPLE

SIW, 고향 시부야를
대표하는 도시 축제로!

카네야마 준고
시부야 미래디자인

민관산학이 협력한 시부야다운 프로젝트

여기서 SIW 외에도 현재 시부야미래디자인이 중심이 되어 행정이나 민간 기업을 비롯해 크로스 섹터에서 진행되는 대표적인 프로젝트 몇 가지를 소개한다.

· NEXT GENERATION

U-15(중학생 이하)를 대상으로 한 스트리트 스포츠 계몽 프로젝트다. 스케이트 보드나 브레이크 댄스, 더블 더치, BMX 등의 스포츠를 즐길 장소를 제공하고 사회 과제도 해결할 수 있는 프로젝트다. 스트리트 스포츠 진흥과 매너 계몽을 목적으로 하고 대회 실시를 기축으로 체험 이벤트나 스쿨 사업 등 포괄적으로 전개한다. 지역이나 공원에 배움의 장소 창출과 동시에 커뮤니티 안에서 룰을 몸에 익혀 문화를 배우는 시부야다운 프로젝트다.

· 시부야 5G 엔터테인먼트 프로젝트

KDDI, 시부야미래디자인, 시부야구관광협회 3자가 연계해 엔터테인먼트 영역에서부터 새로운 테크놀로지 기반 도시 체험을 만드는 프로젝트다. 2020년도는 구청이 공식적으로 인정한 '버추얼시부야'를 탄생시켜 다양한 이벤트 외, AR기술이나 5G카메라

시부야 5G 엔터테인먼트 프로젝트

NEXT GENERATION

등을 사용한 기획이나 실증 실험 등을 실시했다. 현재 70개 이상 기업이 참가해 JACE 이벤트어워드 최우수상 경제산업대신상, 일본 이벤트 대상 등을 수상했다. 코로나 시기였으나 사전 관광 콘텐츠로도 주목받았다.

· 시부야 데이터 컨소시엄

시부야구 스마트시티화를 진행시키는 데에 기초가 되는 빅데이터나 오픈데이터 추진 목적으로 전문가와 컨소시엄 회의를 조성한다. ICT 벤더나 네트워크 사업자, 서비스 사업자 등의 회원 기업과 함께 다양한 프로젝트를 추진한다. 민관산학의 데이터를 모아 사회 과제에 대한 새로운 제안과 솔루션을 창출할 기반을 구축하고 시부야구 행정 서비스와 사회서비스 개발과 제공이 목표이다.

· 시부야구 공인 기념품 사업 'SHIBUKURO'

화려한 오리지널 태그가 붙어 시부야 특유의 메시지나 매력이 담긴 가방(bag) '시부야의 후쿠로=시부쿠로'. 이 새로운 굿즈에서 발생한 수익 일부를 시부야 과제 해결과 지역 만들기에 환원한다. SHIBUKURO는 미래를 움직이는 소셜 활동의 첫걸음이다.

시부야구 공인 수베니어 사업 SHIBUKURO

시부야 데이터 컨소시엄

· SCRAMBLE STADIUM SHIBUYA

요요기공원 지역에 축구나 공연을 즐길 스타디움을 포함한 엔터테인먼트 환경 정비를 실시하는 프로젝트이다. 공원 이용자나 지역 주민 등이 쉽게 이용할 수 있도록 법률로 용도 제한 완화까지 새로운 룰을 만드는 기초 연구나 워크숍 등을 실시한다. 행정이나 도시가 앞으로 다양한 공간을 수익화해 나아가는 것이 요구되는 가운데 시부야 미래디자인에서 가장 도전적인 아젠다이다.

여기에 서술한 것 외에도 차세대의 퍼블릭 스페이스 활용을 생각하는 '공공 공간 NEXT', 사사즈카·하타가야·하츠다이·혼마치지역을 매력적인 지역으로 만들어 나아가는 '사사하타하츠 거리 실험실' 등이다. 이벤트부터 사회실험까지 행정만으로는 진행할 수 없는 다양성 넘치는 수많은 프로젝트가 진행되고 있다.

시부야 미래디자인은 지금까지 어느 지역에도 없었던 새로운 조직이다. 그런 의미에서 조직 본질을 포함하여 모든 것이 실험적인 프로젝트라고도 할 수 있다.

'시부야구 기본 구상' 안에도 '성숙한 국제도시 실현'을 목표로 하고 10년 후, 20년 후 이미지를 떠올리면 앞으로 성숙한 도시로 성장할 것은 틀림없다. 상업성을 전제로 한

공공공간 NEXT

SCRAMBLE STADIUM SHIBUYA

성장 전략에서 더 풍부한 문화를 만들어 내는 전략으로 변할 것이다. 도시 기능을 업데이트하고 문화를 설치함으로써 성숙한 미래의 모델로 이어지는 어떤 시나리오를 그릴 수 있을지. 그것이 시부야 미래디자인에 부과된 큰 과업이라고 느낀다.

한마디로 '지역만들기'라고 말하지만, 지역이라는 것은 쉽게 만들 수 있는 것이 아니다. 갑자기 정답에 도달할 수 없기 때문에 성공과 실패를 반복하고 유연하게 접근하면서 계속해서 실행해야 한다. 지역에 밀착하고 다양한 주체를 연결한 프로젝트를 지속적으로 만들고 지역 그리고 사회에 적용해 가야 한다.

사사하타 지역랩

시부야 미래디자인의 또 다른 큰 미션은 이 롤 모델을 다른 지역으로 넓혀가는 것이다. 왜냐하면 반드시 어느 지역에서도 시부야 같은 지역만들기 과제가 있을 것이다.

시부야 미래디자인이 설립된 지 4년 남짓이다. 아직 죽이 될지 밥이 될지 모르는 조직이지만 계속 실행하다 보면 점차적으로 함께 무언가를 해보고 싶다는 사람들이 늘어날 것이다. 중요한 것은 지역에서 사는 사람, 일하는 사람, 방문하는 사람들의 목소리를 듣고 집약해가는 것이다. 그러한 사람들의 사소한 추억을 만들어가는 것이다. 시부야 미래디자인 같은 존재가 미래의 지역만들기에서 빠뜨릴 수 없는 방법이 될 수 있다고 생각한다.

사람이 주역이 되고 진정한 의미로 '지역만들기가 문화가 되는 그 날까지, '시부야만의 지역개발'은 앞으로도 계속될 것이다.

누구에게나 기회가 있다고 생각합니다.

E SPORTS
B EYOND
SHIBUYA

SOCIAL
INNOVATION
WEEK 2020

파트너 기업과 시민 모두 다양한 접근 방식으로 가능성 개척형 프로젝트를 추진하는 민관산학 연계 조직으로서 2018년에 설립된 '시부야 미래디자인'이다. 퓨처 디자이너를 맡은 EVERY DAY IS THE DAY 사토 나츠오, 로프트 워크 하야시 치아키와 파트너 기업 니켄세케이 오쿠모리 키요요시, 사무국장 오자와 이치아, 이사 나가타 신코와 함께 이 지역의 미래와 시부야 미래디자인 역할에 대해 대담을 나누었다.

SHIBUYA

FUTURE

TALK- 09

시부야를 다양성이 넘치는
세계 최전선의 실험 도시로

다양한 사람과 라이프스타일을 포용하는 시부야

사토: 저는 학생 시절 시부야에서 놀았고 지금은 집도 회사도 시부야입니다. 어린 시절과 지금은 시부야에서 보내는 라이프스타일은 많이 바뀌었지만 여전히 시부야를 즐깁니다. 그것은 시부야가 젊은이의 거리나 쇼핑의 거리라는 대표적인 이미지 말고도 어린이집이 많아 육아하기 쉽고 맛있는 커피를 사서 공원에서 한가롭게 시간을 보낼 포용력 있는 지역이기 때문입니다.

오자와: 저는 38년간 구청에 근무하며 10년 전부터 지역만들기에 관여했습니다. 하나의 지역에서 큰 재개발 사업이 다섯 개나 동시에 진행되는 것은 전대미문의 일이었고, CG나 모형에서 본 것이 그대로 실현되어가기 때문에 이렇게 재미있는 일은 없다고 생각합니다. 아직 갈 길은 멀지만 여기까지 진행된 것도 충분히 감개무량하고 다시 '이 지역에서 할 수 있는 것은 무엇일까?'라고 늘 생각합니다.

사토: 시부야에는 A면과 B면이 있습니다. 쇼핑이나 놀이를 하고 싶은 사람이 있고 음악도 패션도 있습니다. 한편으로는 살고 있는 사람도

있습니다. 그런 의미에서 다양한 라이프스타일이 있습니다. 그래서 사람도 다양합니다. 반대로 말하면 다양한 사람이 있기 때문에 라이프스타일도 다양합니다.

오자와: 시부야는 재미있는 도시입니다. 도로는 구불구불하고 빌딩 뒤편에는 사람이 사는 지역도 있고, 작은 음식점뿐만 아니라 매우 유명한 가게도 있습니다. 코로나19 이후 또 다른 세계가 되면서 피부로 느끼는 소중함을 살려 지역 만들기를 진행하고 싶습니다.

나가타: 저는 2018년 4월부터 시부야 미래디자인에서 일하고 있습니다. 코로나19 전에는 기업과 함께하는 프로젝트가 많았습니다. 최근에는 지역의 사람들과 함께 시부야 미래디자인이라는 '이상적인 아이디어를 실현하는' 일이 많습니다. 우리는 현실에 발을 딛고 있습니다. '이런저런 많은 일을 하고 싶다'라는 의견이 늘어나고 있습니다. 이를 잘 받아 안고 실행하는 것이 우리가 앞으로 해야 할 일이라고 생각합니다.

오쿠모리: 코로나19로 도시의 역할에 대해서 사람들이 의문을 품었습니다. 그리고 사람이 모이는 것에 대한 소중함도 느꼈습니다. 지금까지 시부야 중심가가 핵심적인 역할을 했습니

다만 이후에는 주변 지역들의 여러 가지 요소도 포용하며 가야 합니다.

하야시: 인구의 70%가 도시로 집중하며 사람이 점점 모이는 것은 시부야뿐만 아니라 전 세계에서 일어나는 현상입니다. 하지만 코로나19 때문에 모든 것이 바뀌었다고 생각합니다.

오쿠모리: 여러 가지 색을 지닌 개성적인 지역이 각각에 특징을 내면서 나아가는 것입니다.

저는 도쿄 전체가 모자이크처럼 다양한 매력을 발하는 것이 바람직하다고 생각합니다. 시부야는 그 가장 핵심적인 일, 놀이, 거주 요소가 응축된 지역이라고 생각합니다.

지자체와 좋은 파트너를 이루고 200명 정도의 작은 마을을 만들고 싶다

하야시: 확실히 도시의 매력은 있습니다. 하지만 앞으로는 코로나19 영향도 있고 편리한 것만으로는 사람이 모이지 않을 것입니다. 왜냐하면 QOL(Quality of Life)이 낮기 때문입니다. 저도 앞으로의 생활을 다시 생각하고 지금은 회사도 집도 시부야지만 여러 거점에서 생활해보고 싶습니다.

나가타: 역시 코로나19 때문에 생각하게 된 것일까요?

하야시: 그렇습니다. 저의 이상은 200명 정도의 '작은 마을'을 만드는 것입니다. 자신들이 정한 룰로 잘 돌아가는 인원수가 대체로 이 정도일 것이라고 생각했습니다. 도심에서 공존하는 빌리지, 조금 떨어진 교외, 차라리 지방 등등. 어느 곳이든 여러 가능성이 존재한다고 생각합니다.

사토: 어떤 것도 현실 가능성이 있는 것 같네요 (웃음).

하야시: 그때가 되면 지자체와 좋은 파트너가 되고 싶습니다. 나가타 씨의 이야기처럼, 저도 점점 현실에 뿌리내려 걸어가려고 생각합니다.

사토: 커뮤니티를 만들기 위해서는 공감할 주제가 필요합니다. 토쿠시마현 카미야마초 같이 디지털이라든지, 카미카츠초라면 쓰레기 제로라든지 어떤 슬로건을 내거는지에 따라 모이는

사람이 바뀝니다.

하야시: 지금까지는 이른바 '동맥(큰 것, 새로운 것)'만이 디자인되어 왔습니다. 시부야역이 동맥의 디자인 상징이라면 정맥(작은 것, 오래된 것)은 사토 씨가 말하는 것 같습니다. 앞으로는 동맥과 정맥을 함께 디자인하는 시대라고 생각합니다.

사토: 큰 개발 등이 주목받는 20세기였습니다. 하지만 지금은 정보화 사회가 된 일이나 코로나19 영향으로 '스몰 스트롱'이나 '리틀 굿'이 성립하는 사회가 되었습니다. 시부야에도 그런 것이 산더미처럼 존재합니다. 저는 코로나19 시기 회사의 식물에 혼자 물을 주러 갔습니다. 매번 좋아하는 커피 가게나 빵집에 들르고, 작고 작은 것을 하나하나 신중하게 선택하는 것을 즐깁니다.

하야시: 네. 한편으로 어린 아이들이 모두 작은

것만을 목표로 하는 것은 밝은 미래가 아니라고도 느낍니다. 로프트 워크가 운영하는 100BANCH로 젊은이에게 꿈을 들어보면 '지방에 살면서 전 세계 대학에 다니고 싶다든지', '경치가 좋은 곳에서 살고 싶기 때문에, 캠핑카를 거주지로 삼고 이곳저곳을 이동하며 생활한다든지' 하는 바람이 있습니다. 현재 그리고 미래에는 충분히 가능한 일입니다. 저는 그런 꿈도 지원하고 싶습니다.

변혁의 시작은 '개인'일까? '우리'일까?

사토: 하야시 씨 같은 분이 열심히 해주신다면 사회는 좋아진다고 생각합니다. 다만 문화는 작은 것에서 태어난다고 생각합니다. 저는 라멘과 카레, 피자와 빵, 커피는 일본이 세계 제일이라고 생각합니다.

하야시: 네? 세계 제일이라고요!

사토: 원래 그 나라의 문화였던 것을 여기까지

완성시켜온 것은 개별의 해상도라고 할까요? 일본인 고집의 결과가 아닐까라고 생각합니다. 행정 지도도 아니고 글로벌화의 경향과도 다른 개인의 마음가짐이나 대처입니다. 그러한 의미에서 플랫폼을 따로하는 강한 개인이 많이 존재하는 것이 중요합니다. 변혁의 시작은 '개인(個, Go)'이라고 생각합니다.

하야시: 그렇네요. 제 경우에는 '함께 만드는=CO'의 '고'입니다(웃음).

사토: 아주 오래전 다이칸야마도 할리우드 런치 마켓 한 곳을 기점으로 지역이 바뀌기 시작했습니다. 키요스미 시라카와에 있는 블루보틀 커피도 그렇습니다. 크리에이션이 지역을 흥하게도 합니다. 대형 개발자가 도시를 풍요롭게 하는 것도 물론 틀리지는 않았지만 어느 쪽을 응원하고 싶은가 하면 저는 개인 쪽입니다.

하야시: 그렇군요. 그렇지만 어느 쪽이 아니고 그 중간으로서의 CO는 어떨까요? 대기업인가 개인인가라는 틀을 떠난 '우리'라는 존재 말입니다. 200명 정도의 작은 마을이라는 이야기를 했습니다. 앞으로는 그러한 것이 주체가 될 것이라는 것이 저의 도전이자 희망입니다.

오쿠모리: 분명히 지금은 두 가지 개발 형태의 균형을 맞추는 것이 제일 많이 요구됩니다.

SHIBUYA PEOPLE

행정만이 아니라
지역 주민과 사회의 요구를
형상화해

나가타 신고
시부야 미래디자인

나가타: 38년간 이 도시를 지켜보았던 오자와 씨는 지금 시부야를 어떻게 느낍니까?

오자와: 지역은 변함이 없다는 것이 저의 오랜 생각이었습니다. 반상회에서 60대인 마을 회장이 젊은이로 여겨질 정도로 70~80대가 중심이던 시대가 있었습니다. 그런데 그런 세대의 사람들이 바뀌고 있다는 것을 느낍니다.

하야시: 저도 그것은 느끼고 있었습니다.

오자와: 지금까지도 시부야구에서는 '다양성'이라든지 '포용성' 등이라고 말했습니다. 좀처럼 거기에 동의하지 않는 사람도 있었습니다. 하지만 빌딩이 세워지거나 도로가 정비되거나 하는 것을 보고 "아, 자신도 변하지 않으면 안 된다"고 깨달았습니다. 인간은 환경 속에서 살아가기 때문에 주위 변화로부터 무엇인가의 영향을 받는다고 생각합니다.

나가타: 코로나19 후에도 시부야가 목표로 하는 다이버시티가 진행되었다라는 것이죠.

오자와: 네. 개인적으로도 2020년에 시부야미 래디자인 사무국장이 되어 세계관이 넓어졌습니다. '다양성'이라는 말 그대로 정말로 다양한 사람을 만났습니다. 저조차 그렇기 때문에 시부야에 관련된 많은 사람들이 저와 같은 생각을 하지 않을까라고 느낍니다.

중요한 것은 '큰 것'과 '작은 것' 사이의 틈 연결하기

하야시: 코로나 당시 원격으로 연결되기 때문에 의지가 없으면 사람을 만나기 힘들었습니다. 가야 할 곳이던 사무실도 가고 싶지 않으면 아무도 오지 않는 곳이 되었습니다. 즉, 사무실은 기분 좋고 즐거운 장소가 아니면 안 됩니다.

오쿠모리: 우리는 지금 오피스가 아니라 '워크 플레이스'라는 말을 하고 있습니다. 사무실에서도 카페에서도 라운지에서도 일할 수 있으면 그곳이 워크플레이스입니다. 지금까지 알고 있던 명확한 역할이 모호해졌죠.

하야시: 유럽에서는 벌써 시행되었던 것입니다마는 어쨌든 코로나19 때문에 일본 오피스 사정도 바뀌는 겁니다.

오쿠모리: 거기서 요구되는 것은 어떻게 사람이 모여 어떻게 새로운 아이디어를 만들 수 있는가입니다. 그러한 장소만들기가 지금 논의되고 있습니다.

사토: 제가 좋아하는 오피스나 사는 장소는 터미널에서 아주 먼 곳입니다. 작은 지역들이 생존할 기회가 있다고 생각하기 때문에 그런 장소를 선택했습니다.

나가타: 시부야역 앞에는 큰 상업시설도 있으면서도 골목 뒤에 굉장히 작은 가게도 있는 것이 시부야다움이라고 생각합니다. 소중히 해야 할 문화라고 저도 느낍니다.

사토: 한편, 전략적으로 만들어진 장소가 너무 많으면 획일화되어 개인의 감각이나 센스에 의한 멋이 없어져 재미가 없습니다. 그런가 하면 경제적인 요인이 크기 때문에 최적화되지 않은 지역이 도태되는 것 또한 불가피한 현실입니다.

사토 나츠키
EVERY DAY
IS THE DAY

SHIBUYA PEOPLE

Small하고 Little한 것이 살아 남는 '여백'이 지역의 QOL을 높여가

오쿠모리: 역시 '개인(個,고)'이 기본이군요.

사토: 코로나19 때문에 시대가 바뀌어 더욱 최적화, 스마트화가 진행될 것입니다. 그러한 새로운 흐름을 타고 갈 수 있는 사람은 오는 미래가 오히려 기대될 수 있습니다. 하야시 씨의 이야기에 충분히 동의합니다. 저는 한쪽으로 치우치는 개발이 진행되지 않도록 조심하고 있습니다.

틈새, 그것들을 연결하는 것입니다.

나가타: 확실히 '큰 것'과 '작은 것'의 이야기는 많이 하지만, '사이'에 대해서는 그다지 논의되지 않네요.

오쿠모리: 그것이 지금까지는 공원이거나 광장이었습니다. 하지만 지금은 민간 건물에도 퍼블릭 스페이스가 있고 도로 사용법도 상당히 자유로워지고 있습니다. 그들을 어떻게 매력적으로 만들고 큰 것들과 작은 것들을 어떻게 녹아들게 할까 하는 것이 중요합니다.

오자와: 시부야는 지형의 제약도 있어 실은 그다지 넓지 않습니다. 어반코어도 그렇고 지금 논의되는 공공 공간은 넓이와 위치도 중간인 지역입니다.

하야시: 바로 그것이 시부야의 강점입니다. 중간 규모이기 때문에 실험할 수 있습니다. 대규모라면 실험하기에 어려움이 있고 소규모에서는 의미가 없습니다.

오쿠모리: 지금 바로 시부야 미래디자인과 함께 'SMILE 프로젝트(※)'라는 새로운 모빌리티 허브의 사회 실험을 준비하고 있습니다. 시부야는 국내외에 영향력이 있기 때문에 대·중·소 에리어를 연결하는 새로운 모델 지역으로서 어필해 가고 싶습니다.

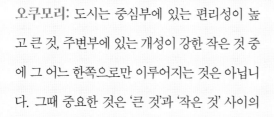

오쿠모리: 도시는 중심부에 있는 편리성이 높고 큰 것, 주변부에 있는 개성이 강한 작은 것 중에 그 어느 한쪽으로만 이루어지는 것은 아닙니다. 그때 중요한 것은 '큰 것'과 '작은 것' 사이의

퓨처 디자이너는 시부야의 미래를 어떻게 그려 나아갈까?

나가타: 마지막으로 무슨 일을 하면 시부야가 더 매력적인 도시가 되는지 시부야 미래디자인은 어떤 플랫폼이 되면 좋을지 들려주세요.

오자와: 저 역시 한 사람 한 사람이 자신이 좋아하는 것, 즉 다양성을 넓혀야 한다고 생각합니다. 우선은 좋아하는 것을 소중히 하는 시간을 늘리는 것입니다. 회사에 바쁘게 일하든지, 아니면 한가한 시간을 보내든지 관계없이 자신의 즐거움을 찾는 시간의 비율을 높이는 것입니다. 다양성을 소중히 여기는 세상이 되기를 바랍니다.

오쿠모리: 멋집니다. 명언이 나왔네요!

사토: 앞에 나왔던 '사이'의 이야기입니다. 내버려 두면 역시 강하고 큰 것이 이깁니다. 그래서 구체적으로는 공원, 식물원, 다리 등 앞에서 말한 여백을 많이 만들어 내면 좋겠습니다. 도시의 석양을 바라보며 좋아하는 사람과 함께 시간을 보내는 것 같은 것은 경제적인 것보다 삶의 질을 올리는 것이 아닐까요?

하야시: 공공이지만 민간도 들어오는 중간 장소에서 미래에 대해 어떻게 움직일 수 있을까? 저는 그 실험을 지속적으로 하는 것이 시부야의 역할이고 시부야 미래디자인이 나아가야 할 길이 아닐까라고 생각합니다.

사토: 스마트화는 가만히 있어도 시대적 흐름으로 자연스레 진행되어 가기 때문에 '여백'을 만드는 것이 곧 새로운 행정의 가능성을 여는 것입니다. 유지할 뿐만 아니라 만들어 내는 것입니다. 낡은 시스템으로는 하기 어렵지만, 시부야 미래디자인이라면 할 수 있을 것 같습니다.

오쿠모리: 이미 어느 정도 아이디어가 모였으니 퓨처 디자이너도 포함해 시부야 미래디자인이 점차적으로 실행하면서 그 흐름을 가속해 나아가면 좋겠습니다. 행정기관뿐만 아니라 민간이나 크리에이터가 합류한 조직의 강점을 어떻게 살려가는가? 그것이 두 번째 단계의 큰 주제가 될 수 있을까요?

하야시 치아키
로프트워크

SHIBUYA PEOPLE

퍼블릭이지만 민간이 들어갈 수 있는 '중간'으로서 얼마나 실험할 수 있는지가 중요

나가타: 3년 동안 활동했다는 것은 단지 행정 기관이 바라는 요구보다 주민과 사회의 요구가 중요하다는 것이었습니다. 시부야에는 아이디어가 있는 사람이 많고 실험할 준비도 갖추어졌습니다. 시부야 미래디자인으로부터 하나라도 많은 프로젝트가 태어나 지역주민 모두가 참여해 실험하다보면 작은 커뮤니티가 생겨날 수도 있습니다.

사토: 시부야가 나아가야 할 방향이 완벽하게 정리된 것일까요? 혹시 정리되지 않는다고 해도 다이버시티이고 그것이 시부야다운 것일지도 모르겠네요(웃음).

오사와 카즈마사
시부야 미래디자인 사무국장 / 이사
1958년 후쿠오카현 출생. 1982년 시부야구청 입사후 총무, 홍보, 복지, 청소, 스포츠 등의 소관을 거쳐 교육 부문에서는 교육위원회 사무국 차장, 총무 부문에서는 총무부장 역임. 시부야역 주변 정비, 미야시타공원 정비, 시부야 카운트다운, 할로윈 대책 등에 종사. 2020년 4월 시부야 미래디자인 사무국장 취임.

나가타 신코
시부야 미래디자인 이사 / 사무국 차장
대형 통신·시스템의 영업, 마케팅 및 홍보 책임자를 거쳐 2007년 레드불·재팬 입사. 커뮤니케이션 총괄 책임자를 거쳐 2010년부터 마케팅 본부장(CMO)으로서 에너지 드링크의 카테고리 확립 및 브랜드·제품을 시장에 침투시키기 위해 종사하고, 2017년에 퇴사.그 후, 시부야 미래 디자인 설립에 종사해 현재에 이른다.

사토 나츠오
EVERY DAY IS THE DAY 크리에이티브 디렉터
하쿠호도 이그제큐티브 크리에이티브 디렉터, HAKUHODO THE DAY 대표를 거쳐 2017년 브랜드 과제 해결이 아닌, 가능성 창조를 리드하는 브랜드 엔지니어링 스튜디오 EVERY DAY IS THE DAY 시작. 2018년부터 시부야미래디자인의 퓨처 디자이너, 요코하마시립 대학 첨단 의과학 연구 센터의 이그제큐티브 어드바이저를 맡고 있다

하야시 치아키
로프트워크 공동창업자 / 이사회장
와세다 대학 상학부, 보스턴 대학 대학원 저널리즘 학과 졸업. 카오를 거쳐 2000년 로프트워크를 창업. 웹디자인, 비즈니스디자인, 커뮤니티디자인, 공간디자인 등을 다루는 프로젝트는 연간 200건이 넘는다.
2018년 시부야 미래디자인 퓨처 디자이너 취임

오쿠모리 키요요시 프로필은 045쪽에

2015년에 구청장이 취임한 하세베 켄 구청장은 2016년에 20년 후의 비전을 그린 시부야구 기본 구상을 책정했다. '차이를 힘으로 바꾸는 지역, 시부야구'를 슬로건으로 다양한 개혁을 실시하고 있다. 코로나19 이후 생각하는 도시의 가치나 앞으로 진행해야 할 재개발, 한층 더 시부야다운 문화 거리 만들기와 도시의 자부심까지 시부야 미래디자인의 멤버가 시부야의 미래와 도시 만들기에 대해 질문했다.

FUTURE

SPECIAL TALK

**지속적으로 변화하는
시부야의 미래와 지역만들기를
하세베 켄 구청장에게 듣다**

하세베 켄 시부야 구청장
1972년 3월 시부야구 진구마에 출생. 하쿠호도 퇴직 후,
NPO법인 green bird를 설립하여 거리를 깨끗하게 하는 활동 동을 전개.
하라주쿠 오모테산도에서 시작해 전국 60곳 이상에서 쓰레기 무단투기에
관한 프로모션 활동을 실시. 2003년부터 시부야 구의회 의원(3기 12년),
2015년 4월 27일 시부야 구청장 취임(현재 2기).

'런던, 파리, 뉴욕, 시부야'라는 말이 모두의 의식을 바꿨다.

먼저 코로나19 영향과 시부야에 일어난 변화에 대해 알려주십시오.

시부야는 지금까지도 새로운 것이 태어나서 사라지는 변화를 계속했습니다. 그것이 이번에는 충격을 입고 새로운 국면에 접어들었습니다. 특히 외국인 관광객을 위한 장사가 어려운 상황이었습니다. 코로나19와 어떻게 마주해야 할지 도전했었습니다.

불행 중 다행은 DX화를 미리 준비해두었던 것입니다. 2019년에 구청이 신청사로 옮겼을 때에 디지털 인프라를 정돈해 공립학교에서 1인 1태블릿을 도입했습니다. 특히 시부야의 경우는 '도시에서 사는' 것이 주제이므로 디지털 활용을 빼놓을 수 없습니다. 그 흐름은 한층 더 가속하고 있었고 비접촉형 쇼핑·결제 촉진이나 스타트업 기업과의 제휴 등 행정이 뒷받침할 부분은 지속적으로 진행하고 있었습니다.

도심에서 지방으로 나가는 사람이나 기업이 늘었다는 이야기도 있습니다만…

물론 그 가능성은 있을 것입니다. 단지 도시에 감도는 그루브감이라든지 다양한 기회의 장점, 그러한 것에 대한 추구는 없어지지 않는다고 생각합니다. 그런 의미에서도 "시부야에 오면 뭔가가 있다", "도심에서 산다면 시부야에서"라는 슬로건과 같이 사람들이 오고 싶은 지역으로 각인되었으면 합니다. 그렇다고는 해도 다른 지역을 밀어낸다는 생각까지 하지는 않습니다. 도쿄가 잘 안 되면 시부야도 잘 안 되기 때문입니다.

도시만들기는 하세베가 구청장이 되어 곧바로 책정한 기본 구상이 바탕이 되고 있습니다.

이렇게 반복해서 도시만들기의 기본 구상을 홍보하는 구는 없지요(웃음). 취임 당시에는 "런던, 파리, 뉴욕, 시부야"라고 외쳐서 비웃음을 당한 적도 있었습니다. 그러나 그 덕분에 모두의 시선이 세계를 향한 것 같습니다. 그때까지는 '다른 구는 이런 일을 하고 있다'라든가 '시부야구가 일본 최초'라고 하는 것만 의식하고 있었는데 말이죠.

비전이 공유되었기 때문에 자신의 일처럼 적극적으로 대처하게 되었습니다.

저는 구청 공무원들을 계속 도장을 받으러 돌아다니는 문화에서 빨리 벗어나 자신의 의견을 말할 수 있는 크리에이티브 집단으로 탈바꿈시키고자 노력 했습니다. 그 결과 다양한 제안이 모이고 있습니다. 화제가 된 파트너십 증명서는 구청 직원 나가타 류타로 씨가 있었기 때문입니다. 그리고 시부야구에서 지금 제일 사람이 많이 모이는 공원 '시부야 하루노 오가와 플레이 파크'도 현지에 사는 엄마들의 제안으로 이룬 성과입니다.

물론 뭐든지 OK는 아니지만 제안에 대해서 기본적으로는 좋다고 대답할 수 있도록 노력합니다. 시부야에는 재미있는 사람들이 많기에 그것을 살려야 합니다.

'시부야는 언제나 재미있는 일을 하고 있다'라는 이미지가 있지요.

제가 구청장이 되기 전부터 NPO법인 'green bird'나 '시부야 대학'을 시작으로 프로듀서처럼 사회 활동에 관여했고 시부야 미래디자인도

확실히 같은 생각으로 만들었진 것입니다. 지역 만들기를 하는 조직은 전국에 있지만, 여기 밖에 없는 독특한 집단이므로 앞으로 일어나는 긍정적인 시너지를 기대합니다.

섞여 새로운 것을 만들어내는 것, 그것이 "시부야의 문화"

시부야역 주변의 재개발은 목표에 맞게 거의 완성되고 있습니다. 앞으로 더 하고 싶은 일은 무엇입니까?

고슈가도의 양쪽, 사사하타하츠(사사즈카·하타가야·하츠다이) 지역을 중점적으로 생각합니다. 시부야구 주민의 과반수가 생활하는 지역에서 시부야역 앞과 같은 상업적인 개발이 아니고 사는 사람들을 위한 개발을 진행하고 싶습니다. 라스트 원 마일의 새로운 교통수단이라든지, 노인이 편리하게 쇼핑할 수 있도록 돕는다든지 등 여러 가지 아이디어나 의견을 모으는 중입니다.

역 앞 재개발과는 다른 플레이어나 파트너 기업이 참가하면 좋겠군요.

시부야구라는 인식에서 멀어진 지역입니다. 그래서 그곳까지 시부야의 문화를 펼치고 싶습니다. 산노미야바시나 니시하라 근처에는 새로운 점포들도 생겨, 그 분위기가 상당히 좋아졌습니다. 메이지 신궁으로 이어지는 니시산도 활성화나 수도고속도로 하부를 문화 홍보의 거점으로 만드는 것도 검토하고 있습니다.

그렇다면 구청장이 생각하는 '시부야 문화'를 구체적으로 설명한다면 무엇입니까?

'섞여 새로운 것을 만들어내는' 것이라고 생각합니다. 시부야는 도쿄의 오랜 지역과는 달리, 최근 100년 정도의 기간 동안 만들어진 지역입니다. 1920년에는 메이지 신궁, 제2차 대전 이후에는 주일미군 시설의 워싱턴 하이츠가 생겨 문화가 비약적으로 발전한 배경이 있습니다. 지금은 그 지역의 건물 임대료가 높아지는 가운데 공유오피스 같은 것이 등장하였고 또 여러 가치관을 가진 사람이 모였습니다. 변화에 대해 긍정적이고, 변화를 두려워하지 않는 좋은 순환이 일어나기 시작했습니다.

SHIBUYA PEOPLE

"그곳에 가면 무언가 재미있는게 있어"라고 연상되는 도시로 존재하고 싶어

하세베 켄
시부야구청장

옛날부터 다양성을 받아들인 지역이군요. 새로운 것을 받아들이는 토양이 있고 새로운 사람이 들어오기 때문에 새로운 가치관이 태어나는 것 같습니다.

한편 메이지 신궁이라는 오래된 랜드마크의 존재도 시부야의 강점입니다. 다음 100년에 메이지 신궁은 센소지와 같은 장소가 될 것이라고 생각합니다. 역사를 거듭하는 것으로 고향이라고 느끼는 사람이 늘고 있습니다. 저는 시부야 구민 3대째로 이전은 '북적북적해서 싫다'라고 생각했지만, 해외에서 돌아왔을 때 '역시 좋은 지역이구나!'라고 느꼈기 때문입니다(웃음).

이전부터 '좋은 지역이란 도시의 자부심이 모이는 거리'라고 말하고 있습니다.

사는 사람도 일하는 사람도 방문하는 사람도 다양성을 소중히 하면 다양한 도시의 자부심이 모입니다. 그리고 항상 새로운 '혁신적인 문화'가 태어납니다. 어쩌면 그런 시부야가 지닌 가치조차 점점 변화해 나아갈지도 모르겠습니다.

다양한 거리, 시부야미래디자인

도시계획이나 도시만들기를 음악에 비유하면 유럽 등 선진국의 도시계획은 클래식이라고 할 수 있을지도 모릅니다. 클래식은 상세한 악보가 있으며 사전 연습을 통해 지휘자가 개성을 조정하고 전체적으로 오케스트레이션을 높이는 방식입니다. 사전에 상세한 규정(악보=도시계획의 규제)에 근거해 한층 더 디렉터(지휘자=도시 개발 플래너)가 전체 하모니의 완성도를 높이도록 디렉팅하기 때문입니다.

한편, 일본(특히 도쿄)의 도시만들기는 재즈나 퓨전을 지향하고 있을지도 모릅니다. 사전에는 간단한 악보나 코드 진행밖에 없고 지휘자도 없는 상황에서 연주자가 여러 번 연습을 거듭하는 것으로 즉흥적으로 하모니를 연주하는 것입니다.

도쿄의 도시만들기 마스터플랜에는 상세한 규정은 없습니다. 용도지역도 선진국에 비하면 느슨하고 많은 지구에서는 건축물이나 개발의 형태를 결정하는 것과 같은 상세한 규정이 없습니다. 그리고 지자체도 디렉터나 지휘자라기보다 도시를 만드는 동료로서 사업자를 지원한다는 입장인지도 모릅니다.

이러한 재즈 같은 스타일의 도시만들기에서는 개개의 사업자(대규모부터 소규모까지)가 느슨한 틀 안에서 개발하기 때문에 '절묘한 하모니'를 자아내는 것은 그리 쉽지 않습니다. 서로가 무엇을 생각하고 이렇게 하면 이렇게 될 것이라고 하는 예견이나 예측을 연주자(사업자나 행정, 지역의 관계자들)가 공유할 수 없으면 하모니가 되지 않고 단순한 불협화음, 잡음이 될 수 있습니다.

시부야 '도시만들기'에서는 다양한 사람과 사람을 그물코처럼 연결해 하모니를 이루고 연주하기 위한 도움을 주었습니다. 일부이기는 하지만 이 책에서는 그 일을 진행하는 '사람'이 나와 이야기를 들려주었습니다. 시부야 도시만들기의 그물코 같은 훌륭한 모습이 여러분에게 전달되었다면 그것으로 기쁘게 생각합니다.

그들은 코드 진행에 더해 각 섹션, 각 연주

자에게 요구하는 역할을 더 충실하게 대처했습니다. 즉 '시부야역 주변정비 가이드 플랜21' '시부야역 중심지구지역 만들기 가이드라인2007' '시부야역 중심지구 도시만들기 지침2010' '시부야역 주변 도시만들기 비전' 등의 계획·지침을 만드는데, 구청이나 경험과 지식이 뛰어난 전문가가 중심이 되어 협의·조정하면서 크게 기여하였습니다.

또한 이러한 노력이 시부야역중심지구디자인회의 같은 조직(디렉터)이 사람과 사람을 묶고 세세하게 개발 방향과 디자인을 조정한 것이 도움이 되었습니다.

시부야 미래디자인은 이러한 '재즈'를 한층 더 진화시켜 하모니를 양성하면서 만들어져 온 '새로운 그릇'과, 오래되었지만 이전부터 있었던 '매력적인 그릇'을 잘 조율해 어떻게 새로운 의미와 가치를 부여할 것인가를 고민하고 실천해 나아갈 것입니다.

장소가 사람들에게 다양함을 느끼게 하고 또한 새로운 장소의 의미와 가치를 전달하는 곳, 그것이 시부야의 강점입니다. '새로운 그릇'은 다음 무대에서 협주(도시만들기)하는 데 악보 역할을 하게 될 것입니다. 그 그릇 안에서 더욱 시부야다운 개성이 두드러진 하모니를 이루어 갈 때까지 많은 분들과 함께하고 싶습니다.

시부야미래디자인 대표이사

코이즈미 히데키

프로젝트 데이터

시부야히카리에

- 사업주체 : 시부야신문화지구프로젝트추진협의회
- 설계: 니켄세케이, 도큐설계컨설턴트공동기업체
- 부지 면적 : 9,640.18㎡
- 연면적 : 144,545.75㎡
- 주요 용도: 상업, 사무실, 문화시설
- 층수 : 지하 4층, 지상 34층, RF 2층
- 개업 : 2012년 4월

시부야스트림

- 사업주체 : 도큐, 스즈키 쓰네산, 나토리 야스하루, 나토리 마사토시, 야마젠상사, 이카루부동산, 시부야마루쥬 이케다제빵,
  세이후소 히라노 빌딩
- 설계 : 도큐설계컨설턴트
- 디자인 아키텍처: 실라칸스 앤드 어소시에이츠(CAt)
- 부지면적 : 7,109.93㎡(1단지 전체/지권자 빌딩 포함) 934.36㎡(A동),
  4774.52㎡(B-1동), 487.14㎡(C-1동), 524.43㎡(D동)
- 연면적 : 118,379.92㎡(한 단지 전체/지권자 빌딩 포함) 7,214.18㎡(A동),
  108,376.68㎡(B-1동), 21.42㎡(C-1동), 375.93㎡(D동)
- 주요 용도 : 홀, 음식점, 주차장(A동)
  사무실, 호텔, 음식점, 판매장, 주차장(B-1동)
  승강기(C-1동) 통로 등(D동)
- 층수: 지하 4층, 지상 7층, RF 1층(A동) 지하 4층, 지상 36층, RF 3층(B-1동)
  지상 2층(C-1동) 지하 2층, 지상 2층(D동)
- 준공 : 2018년 8월

시부야스크램블스퀘어

- 사업 주체 : 도큐, JR 동일본, 도쿄메트로
- 설계 : 시부야역주변정비계획공동기업체
  (니켄세케이·도큐설계컨설턴트·JR동일본건축설계·메트로개발)
- 디자인 아키텍처: 니켄세케이, 쿠마켄고건축도시설계사무소, SANAA 사무소
- 부지 면적 : 15,275.55㎡
- 연면적 : 제 I 기(동측동) 약 181,000㎡ 제 II 기(중앙동·서동) 약 96,000㎡
- 주요 용도 : 판매장, 음식점, 사무실, 전망시설, 주차장 등
- 층수 : 제1기(동측동) 지하 7층, 지상 47층, 제 II 기(중앙동) 지하 2층, 지상 10층
  제 II 기(서동) 지하 5층, 지상 13층
- 준공 : 2019년 8월(I 기), 2027년도 예정(II 기)

시부야후라쿠스

- 사업주체 : 도겐자카1초메역앞지구 시가지재개발조합
- 디자인 아키텍처 : 테즈카건축연구소
- 마스터 아키텍처: 니켄세케이
- 설계 : 시미즈건설
- 부지 면적 : 3,335.53㎡
- 연면적 : 58,970.27㎡
- 주요 용도 : 사무실, 판매장, 음식점, 서비스매장, 은행지점, 자동차 차고지 등
- 층수 : 지하 4층, 지상 19층, RF 2층
- 준공 : 2019년 10월

시부야파르코·휴릭빌딩

- 사업주체 : 우다가와초 14·15번 지구 제1종 시가지 재개발사업 개인시행자 파르코
- 설계 : 다케나카공무점
- 부지 면적 : 5,385.95㎡
- 연면적 : 63,856.03㎡
- 주요 용도 : 점포, 극장, 사무실
- 층수 : 지하 3층, 지상 19층, RF 1층
- 준공 : 2019년 10월

MIYASHITA PARK

- 사업주체 : 시부야구, 미쓰이부동산
- 설계 : 다케나카공무점
- 프로젝트 아키텍처 : 니켄세케이
- 부지 면적 : 4,515.29㎡(북측 지구), 6,225.18㎡(남측 지구)
- 연면적 : 29,764.51㎡(북측 지구), 16,193.81㎡(남측 지구)
- 주요 용도 : 도시계획공원, 도시계획주차장, 상업시설, 호텔
- 층수 : 지하 2층, 지상 18층, RF 1층(북측 지구), 지상 4층(남측 지구)
- 준공 : 2020년 4월

시부야구립 기타야공원

- 사업주체 : 시부야구, 도큐
- 설계 : (기본설계, 디자인감수) 니켄세케이, (실시설계) 도큐건설
- 부지 면적 : 961.53㎡
- 연면적 : 295.98㎡
- 주요 용도 : 공원, 음식점
- 층수 : 지상 2층
- 준공 : 2021년 4월

시부야역 사쿠라가오카구치지구 제1종시가지재개발사업

- 사업주체 : 시부야역 사쿠라가오카구치지구 시가지재개발조합
- 디자인 아키텍처 : 후루야 세이지, 나스카1급건축사사무소, 니켄세케이
- 설계 : (기본·실시설계) 니켄세케이, 나스카1급건축사사무소, 니켄하우징시스템,
  오카야마건축설계연구소, (변경 실시 설계) 가시마·도다 건설공동기업체
  (A블록 : 카지마건설1급건축사사무소, B·C블록 : 토다건설1급건축사사무소)
- 부지 면적 : 약 16,970㎡ 약 8,070㎡(A블록), 약 8,480㎡(B블록), 약 420㎡(C블록)
- 연면적 : 약 254,700㎡ 약 184,720㎡(A블록), 약 69,160㎡(B블록), 약 820㎡(C블록)
- 주요 용도 : 사무소, 점포, 창업지원시설, 주차장 등 (A블록)
  주택, 사무소, 점포, 서비스 아파트먼트, 주차장 등(B블록) 교회 등(C블록)
- 층수 : 지하 4층, 지상 39층(A블록) 지하 1층, 지상 30층 (B블록) 지상 4층 (C블록)
- 준공: 2023년 11월

□ 사진크레딧

시부야스크램블스퀘어
P16왼쪽 위, P24오른쪽, P33오른쪽, P34-35, P53위, P56 2점,
P60-61, P106오른쪽, P115오른쪽 아래, P220아래

시부야스트림
P11오른쪽 위, P16오른쪽 아래, P24가운데, P32왼쪽, P46, P220가운데

Shibuya Hikarie
P16오른쪽 위, P25, P32오른쪽, P43아래, P115가운데 오른쪽, P220위

시부야역앞에리어매니지먼트
P157가운데

시부야주식회사
P2-3, P6배경, P7아래(촬영: 아카이시 레이지), P6배경·위,
P9배경·위, P8배경, P11배경, P10배경, P107오른쪽·왼쪽,
P106가운데 오른쪽, P117위, P116 2점, P172-173

도큐부동산주식회사
P16왼쪽 아래, P24왼쪽, P33왼쪽, P221위

PARCO
P129아래(신시부야파르코1층 Discover Japan Lab 2019년 11월 시점)

도쿄메트로
P169아래

CAt
P43위

Tololo studio
P38

니켄세케이
P29 2점, P73위, P93, P143왼쪽 위, P148왼쪽, P149오른쪽, P151아래,
P157아래, P169위, P181아래

신건축
P111가운데 아래, P128아래, P157위, P176, P221위에서 두번째
(촬영 : 신건축사 사진부)

에스에스
P11왼쪽 위(에스에스도쿄), P 47

나카사&파트너즈
P110아래, P111위

시부야미래디자인
P115오른쪽 위, P191 2점, P193 2점, P194 2점, P195 2점,
P196 2점, P197, P199 2점, P198 2점, P206-207 4점, P208

히로카와 토모키
P12-13, P14-15, P16-16, P18-19, P36, P39, P40, P41, P58, P68-69배경, P69 2점, P71 4점, P73가운데·아래, P74-75, P77, P78, P79, P80-81, P82, P83, P88, P89, P90, P91, P92, P94아래, P96, P98, P99, P100왼쪽 위, P101 3개 P106가운데 왼쪽, P111가운데 오른쪽, P115왼쪽 위, P117아래, P118, P119, P120아래, P121, P122오른쪽, P124, P125, P126, P129위, P128위, P130, P132, P133, P134, P135, P137 2점, P138, P140, P141 점, P143오른쪽 위·오른쪽 아래, P148오른쪽, P149왼쪽, P160-161, P163, P165, P164 2점, P166, P167, P170, P174, P175, P178, P179, P181위, P182, P184-185, P212, P214, P215, P217오른쪽 위·왼쪽 위·오른쪽 가운데·오른쪽 아래·왼쪽 아래, P216오른쪽 위·오른쪽 위, P218-219, P221 위에서 4점

타마코시 노부히로
P20-21, P44, P49, P50, P51, P54, P55, P200, P202, P203, P204, P205,
P210-211, P217가운데 왼쪽, P216아래

나카토가와 시메이 사진사무소
P143왼쪽 아래

호리우치 코우지
P106왼쪽, P144-145, P221가운데

야노 신고
P115왼쪽 아래

와카바야시 다케시
P86, P95위

와타나베 준야
P87

DAICI ANO
P122-123

momo/PIXTA(피크스타)
P102-103

교도통신사
P6위, P7아래

아폴로
P8아래, P9위의 2개, P11위·아래

아마나이미지
P9아래

□ 도판출처

P 12-15아래 SHIBUYA HISTORY
니켄세케이 자료를 참고로 작성

P.16 시부야역 개발 전체이미지
니켄세케이 자료를 참고로 작성

P16가운데 아래 시부야역사쿠라가오카지구 외관이미지
도큐부동산주식회사 제공

P24-25아래 Shibuya×Design Chronology
니켄세케이 자료를 참고로 작성

P24위 시부야역중심지구디자인회의 체제도
「시부야역중심지구대규모건축물등에 대한
특정구역경관형성지침」을 참고로 작성

P27 시부야스크램블스퀘어제1기(동관) 고층부디자인변천
「시부야역중심지구디자인회의협의내용에 대해서」를 참고로 작성
이미지3개는 시부야역지구공동빌딩사업자제공

P28-29배경 도면
니켄세케이제공

P31 어반코어 단면이미지
니켄세케이 작성

P53아래 시부중심지구완성이미지
시부야역앞에리어매니지먼트제공

P64-65아래 Shibuya×Community Chronology
니켄세케이자료를 참고로 작성

P65오른쪽
「시부야역주변정비가이드플랜21(개요판)」표지를 전재

P65가운데
「시부야역중심지구지역만들기가이드라인2007」표지를 전재

P65왼쪽
「시부야역중심지구지역만들기지침2010」표지전재

P65
「시부야역 도시만들기 비전」표지 전재

P65 시부야역 도시만들기 조정회의 체제도
「제45회 시부야역지역정비에 관한 조정협의회」를 참고로 작성

P66 도판 4점 2012년 당시의 모습(왼쪽)과
미래의 정비이미지(오른쪽)
「시부야역 중심지구 기반정비방침」P9.10에서 전재

P67위 보행자네크워크 개념 (동서단면)
「시부야역중심지구지역만들기지침2010」을 참고로 작성

P67아래 도시만들기방침 대상범위
「시부야역중심지구지역만들기지침2010」을 참고로 작성

P71 중앙하역장룰과 프로모션

니켄세케이자료를 참고로 작성
P100오른쪽 위　시부야역사쿠라가오카지구 외관이미지
도큐부동산주식회사제공
P100오른쪽 아래　시부야역사쿠라가오카지구
　　　　　　　　보조선 가로제10호 상공 횡단다리 이미지
도큐부동산주식회사제공
P100왼쪽 아래　시부야역사쿠라가오카지구
　　　　　　　어반코어 이미지 (서쪽출구 국도데크에서 바라봄)
도큐부동산주식회사제공
P106-107　Shibuya×Public Space Chronology
니켄세케이자료를 참고로 작성
P108-109　시부야강 정비 이미지
도큐주식회사제공
P111　신시부야파르코 퍼블릭스페이스 입체이미지
다케나카공무점제공 도면을 바탕으로 니켄세케이작성
P112-113　MIYASHITA PARK입면
니켄세케이, 니혼세케이 작성
P115　지금, 시부야의 옥상이 재밌다고?! 옥상MAP
니켄세케이 작성
P142
니켄세케이자료를 참고로 작성
P148-149아래　Shibuya×Management Chronology
니켄세케이자료를 참고로 작성
P149위　에리어매니지먼트 활동메뉴
SHIBUYA＋FUN PROJECT 홈페이지를 참고로 작성
P151위　괴제조정시트
니켄세케이작성
P151-152배경　배경 공사스케줄
니켄세케이 가공·제공
P154　공사중 사인기본룰과 통일 포스터
니켄세케이자료를 참고로 작성
P155　에리어매니지먼트 체제표
SHIBUYA＋FUN PROJECT 홈페이지를 참고로 작성
P159　지속가능한 도시만들기 방법
일반사단법인시부야역앞에리어매니지먼트제공
P189　시부야미래디자인조직도/조직개요
시부야미래디자인자료를 참고로 작성
P221아래　시부야역사쿠라가오카지구 제1종시가지재개발사업 외관
도큐부동산주식회사제공

□ 참고문헌

【행정자료】
시부야구기본구상
시부야역 정비가이드라인21
시부야역중심지구도시만들기가이드라인2007
시부야역중심지구도시만들기지침2010
시부야역도시만들기비전
시부야역중심지구기반정비방침

【서적·잡지 등】
『어스 다이버』나카자와 신이치 (코단샤)
『역도시일체개발 TOD 매력』
니켄세케이역도시일체개발연구회(신건축사)
『환경 공헌 도시 도쿄의 리·디자인 광역적인 환경 가치
극대화를 목표로 아사미 타이지, 나카이 켄유 외 (세이분샤)
『사천 3.0 연선 이기 No.1 도쿄 급행 전철의 전략적 브랜딩』
히가시우라 료노리 (와니북스 PLUS 신서적)
『시부야 유산』 무라마츠 신(바지리코)
『시부야 학』 이시이 켄지 (코분도)
『시부야구 역사』 (도쿄도 시부야구)
『시부야의 비밀』 (파루코출판)
『시부야 기억 사진으로 보는 지금과 옛날』 I ~IV (시부야구 교육위원회)
『신 개수 시부야구 역사』중권·하권(도쿄도 시부야구)
『도판설명 시부야구 역사』(도쿄도 시부야구)
『철도가 만든 세계도시 도쿄』
　야지마 타카시, 이에다 히토시(계량계획연구소)
『도쿄에서 생각하는 격차 교외 내셔널리즘』
　히가시히로키, 키타다 아키히로(NHK출판)
『도쿄권 철도의 아유미와 미래』 감수: 모리치 시게루,
　편저: 도쿄권 철도정비연구회(운수종합연구소)
『도쿄 대개조 맵 2020-20XX』(니케이BP사)
『도쿄의 도시계획』코시자와 아키라(이와나미신서)
『도시 드라마 투르기 도쿄 번화가의 사회사』 요시미 토시야(가와데문고)
『퍼블릭 커뮤니티 아늑한 세상의 공공공간』
　[8가지 레시피] 미츠이 부동산 S&E 종합연구소 (선전회의)
『신건축』 2012년 7월호 / 2018년 11월호 / 2019년 12월호
/ 2020년 1월호 / 2020년 9월호 (신건축사)
『신건축』 2017년 9월 별권　URBAN ACTIVITY 도시의 엑티비티
　니켄세케이 프로세스메이킹(신건축사)
『신건』 2020년 10월 별권　58 Public Spaces in Tokyo
　Cooperative Design for New Urban Infrastructure(신건축사)
『시부야역 주변개발FACT BOOK』(도큐주식회사, 도큐부동산주식회사)
『Greater SHIBUYA 1.0-2020』(도큐그룹)
『NIKKEN JOURNAL』2020 SPRING(주식회사 니켄세케이)

【Web사이트】
시부야구 공식사이트
https://www.city.shibuya.tokyo.jp
시부야포토뮤지엄
https://shibuyaphotomuseum.jp/

【시부야재개발정보사이트】
https://www.tokyu.co.jp/shibuya-redevelopment/
SHIBUYA ＋FUN PROJECT
https://shibuyaplusfun.com/
Shibuya Info Box
https://shibuyaplusfun.com/infobox/
시부야문화프로젝트
https://www.shibuyabunka.com/

일반사단법인 시부야미래디자인

'차이를 힘으로 바꾸는 도시.시부야'를 미래상으로 내세우는 시부야구와 연계해 2018년 설립. 다이버시티와 인클루전을 기본으로 시부야에 사는 사람, 일하는 사람, 배우는 사람, 방문하는 사람 등 시부야에 모이는 다양한 개성과 공동 가치 창조하면서 사회적 과제의 해결책과 가능성을 디자인하는 민관산학 이노베이션 플랫폼. 다양성 넘치는 미래를 향한 세계 최전선의 실험도시 '시부야'를 만들기 위해 기업·시민과 함께 다양한 접근으로 과제 해결뿐만 아니라 '가능성 개척형' 프로젝트를 추진해 시부야라는 도시의 가능성을 디자인하고 있다.

코이즈미 히데키(대표이사)

1964년 도쿄도 출생. 도쿄대학 대학원 공학계 연구과 도시공학 전공 박사과정 수료. 2013년부터 도쿄대학 교수.
2018년 시부야 미래디자인 대표이사 취임. 연구 성과를 바탕으로 많은 시민단체, 지자체와 지역만들기·커뮤니티 디자인 실천에 힘쓰고 있다. 또 도시계획 제안 제도의 창설에 관여한다. 굿디자인상 등 수상 다수.

출판기획위원회	
시부야미래디자인	오사와 가즈마사, 나가타 신코, 고이즈미 히데키
리라이트	이노우에 켄타로, 이와자카 히데마사, 오히라 유이치
니켄세케이	오쿠모리 기요요시, 카네코 미카, 시노즈카 유이치로, 토비타 사나에, 히다카 유코, 후쿠다 타로, 모로쿠마 나오코

출판기획협력	
니켄세케이	이토 마사토, 강인내, 쿠타니 리사, 코지츠 켄이치, 스기타 소우, 후지하라 켄야, 미쓰이 유스케, 미야모토 히로다카, 와다 유키

KAWARITSUZUKERU! SHIBUYAKEI MACHIZUKURI

Copyright © 2021 by Shibuya Mirai Design All rights reserved.
Original Japanese edition published by Kousakusha Korean translation rights © 2025 by DAEGA Publishing Co.
Korean translation rights arranged with Kousakusha, Tokyo through EntersKorea Co., Ltd. Seoul, Korea
이 책의 한국어판 저작권은 (주)엔터스코리아를 통해 저작권자와 독점 계약한 도서출판 대가에 있습니다.
저작권법에 의하여 한국 내에서 보호를 받는 저작물이므로 무단전재와 무단복제를 금합니다.

시부야미래디자인
- 멈추지 않는 변화 -

초판 1쇄 발행 2025년 4월 30일

—

지은이 시부야미래디자인
옮긴이 정병균·김미화
펴낸이 김호석
편집부 이면희·김영선
디자인 전영진
마케팅 오중환
경영관리 박미경
영업관리 김경혜

—

펴낸곳 도서출판 대가
주소 경기도 고양시 일산동구 무궁화로 20-18 하임빌로데오 502호
전화 02-305-0210
팩스 031-905-0221
전자우편 dga1023@hanmail.net
홈페이지 www.bookdaega.com

—

ISBN 978-89-6285-378-0 93530